道路和广场的地面铺装

道路和广场的地面铺装

[日] 梅　泽　笃之介
金　井　　　格
岸　塚　正　昭
小　林　　　章　著
铃　木　　　敏
牧　　　恒　雄

章　　　俊　华
乌　　　　　恩　译

中国建筑工业出版社

著作权合同登记图字：01-2000-3343号

图书在版编目（CIP）数据

道路和广场的地面铺装／（日）金井　格等著；章俊华，
乌恩译.—北京：中国建筑工业出版社，2002.2
ISBN 7-112-04874-5

Ⅰ.道...　Ⅱ.①金...②章...③乌...　Ⅲ.路面铺
装　Ⅳ.U416.041

中国版本图书馆CIP数据核字（2001）第075519号

责任编辑：白玉美

道路和广场的地面铺装

[日] 金井　格　等　著
章　俊　华　乌恩　译
*
中国建筑工业出版社出版、发行（北京西郊百万庄）
新　华　书　店　经　销
北京中科印刷有限公司印刷
*
开本：787×1092毫米　1/16　印张：12½　字数：301千字
2002年2月第一版　2006年6月第二次印刷
定价：48.00元
ISBN 7-112-04874-5
TU·4351(10353)

(邮政编码　100037)
本社网址:http://www.china-abp.com.cn
网上书店:http://www.china-building.com.cn

▲
料石铺装　马德里市内的人行道(西班牙)　每年4～9月间，马德里市几乎没有降雨，而且每日白昼长至下午9点半左右，因此，绿树成荫的人行道可以说是市民生活中不可或缺的部分。优美的绿树带将宽阔的人行道空间同车行道分隔开来，并不全面铺装。
▼

▲ **彩色混凝土板铺装**
北野町(神户市)

▼ **水刷石混凝土铺装**
海老名市文化会馆

▼ **雨后速干型铺装** 泰特道尔公园(里昂，法国) 雨后速干型铺装，在日本主要使用在运动场跑道、网球场等处，为的是雨后能立即使用这些设施，而法国里昂市的泰特道尔公园的园路却用的是此种铺装。湿润如土的触感和茶红色与绿树青草相得益彰，使得环境气氛沉着、优美，堪称是体现了“以人为本”的园路。

▲ **联锁砌块铺装** 海岸大街1丁目(港区)(三菱矿业水泥株式会社提供)直线型与联锁型的组合，无彩色，完全由黑白对比产生曲线型构图。

◀ **地砖铺装**
岛屿港口(神户市)
▼

▲ **炻质地砖铺装** 岛屿港口(神户市)

▼ **陶板铺装** (三角形外侧的部分) **地砖铺装**(圆周部分)
仿石地砖铺装(圆形和三角形的白色部分)
岛屿港口 购物中心前广场(神户市)

▼ **陶板铺装** 岛屿港口（神户市）

▲ **瓷质地砖铺装** 迷老德摩尔·马赛克大街(新宿区新宿车站西口)

▼ **瓷质地砖铺装**（神户市内）

▲ **料石铺装** 岛屿港口南公园(神户市)

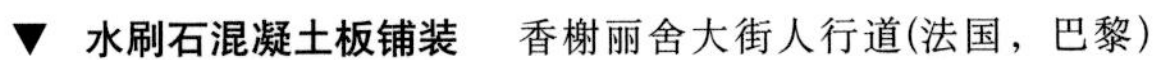

▼ **水刷石混凝土板铺装** 香榭丽舍大街人行道(法国，巴黎)

▼ **小块石铺装** 坎庇多利奥广场(意大利，罗马) 米开朗基罗设计(16世纪)
本来广场中央有玛科斯·奥雷利欧的骑马像，但遗憾的是没能摄入此幅照片。

前　　言

最近，一个含有舒适、愉快之意的用语——“amenity(舒适性)”正被人们使用，人们看问题不再从“文化—经济、生活—产业”等二元对立的观点出发，而是期待一个文化意义支配下的舒适时代，预计社会将会从建设的时代进入文化舒适性时代。

对于作为世界经济大国的日本而言，伴随着它的成长和发展，城市的风貌也在不以人的意志为转移地发生着变化。最近兴起的古城再开发热更是毫不留情地毁坏着旧的城市空间，代之出现的是新城市空间。随着时代的变迁，城市变换一下表情也还算是情理之中的事吧，但历史造就城市的说法也毫不夸张，所以我想说，那种蔑视历史、只知追求现代功能和经济优先的毫无人性的城市构造可以休矣。不光是建筑，最贴近人们日常生活的空间——道路也是如此，但我们感觉到没有一条道路的设计、施工是要为人服务的。

让我们看看总理府进行的有关道路的社会舆论调查结果吧，43%的人希望“能够进一步加大人行道的规划建设力度”，其次关心的是与日常生活密切相关的道路的规划建设。另一方面，“关心高速汽车公路及旅游公路”的人却只占5%以下，由此我们也可以证明前面的说法：人们正在渴望进入文化舒适性的时代。对于人行道的规划建设，人们渴望“安全的人行道”、“行走充满乐趣的人行道”和“真正属于行人的街道”。

由绿篱、街道树和人行道铺装等道路空间构成要素营造出来的“情趣街道”，很自然地使街道变得充满了人间情趣，那种“令人不禁想上去走一走的人行道”，不但丰富了我们所居住城市的表情，而且还与用文化塑造街区的趋向有着必然的关联。

仅止于有了人行道还不能说是“情趣人行道”，同车行道一样，人行道的铺装也是不可或缺的。与以功能为主的车行道铺装不同，人们要在人行道铺装中追求愉悦的色彩、创意和图案，还要考虑与建筑物、行道树及街边风景的和谐，一句话，一定要以人为本。

最近，对彩色铺装的热情很是高涨，新材料、新产品不断地被开发出来，令人欢欣鼓舞，但尚待研究的问题还是多得让人不敢太过乐观。

富有人性、能让步行成为一种乐趣的人行道以及广场、大街，这是我所追求的目标。本书正是从探索彩色铺装入手，用便于被视觉接受的照片为手段，根据施工材料和施工方法分门别类整理而成的探讨“大街构造”和“人行道构造”的实务资料。

以人为本的人行道空间，是在结合考虑功能方面的体感性、弹性及对不同气候的适应性等等特点的同时，兼顾材料质感，色彩等美感特性以及与环境协调等因素的情况下营造出来的，完全凭借材料的应用，根本不可能获得舒适的、以人为本的人行道。正是在这个意义上，我们的研究小组将基于风土和历史培育出的文化视角，不断探求从以人为本的人行道到适于人的街区的铺装问题，非常希望得到有关人士的理解和协助。

值此出版之际，谨向热心提供彩色铺装施工实例资料照片的各位和为本书面世鼎力相助的技报堂出版社的小卷慎氏表示衷心的感谢。

金井　格　（代表所有执笔者）

1987年3月

执笔者名单（1987年4月30日）

梅泽笃之介　福井工业大学工学部建设工学科　讲师
（理论篇1.2）

金井格　东京农业大学农学部造园学科　教授
（理论篇1.1）

岸塚正昭　东京农业大学农学部造园学科　讲师
（理论篇3.1）

小林章　东京农业大学农学部造园学科　助教
（理论篇3.2）

铃木敏　日本铺道株式会社　技术士
（理论篇2.1，2.2，2.3）

牧恒雄　东京农业大学农学部农业工学科　讲师
（理论篇3.3，3.4）

（排名按日文字母顺序，括号内为执笔部分）

目　　录

各种铺装施工法

※　有关彩色铺装施工法的分类及名称就目前的情况来看还较难确定，这里所列举的名称均为公开使用的专有名词或是设计、施工现场经常使用的名称，同时也包括本书新提出的名称等。

丙烯酸类树脂铺装　喷涂

施工法　丙烯酸类树脂是以分散颗粒状的液体为原材料再掺入一些硅砂及颜料等添加剂，作为彩色铺装用涂料来使用。并以沥青混凝土铺装为基层的喷涂式着色施工法。

色　调　根据颜料的不同配方选择希望的色调。

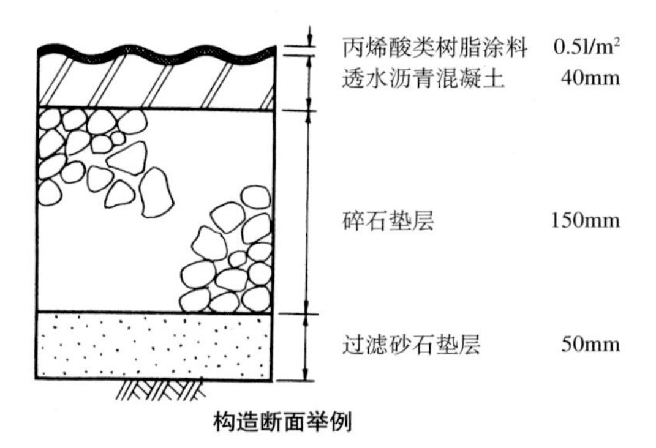

构造断面举例

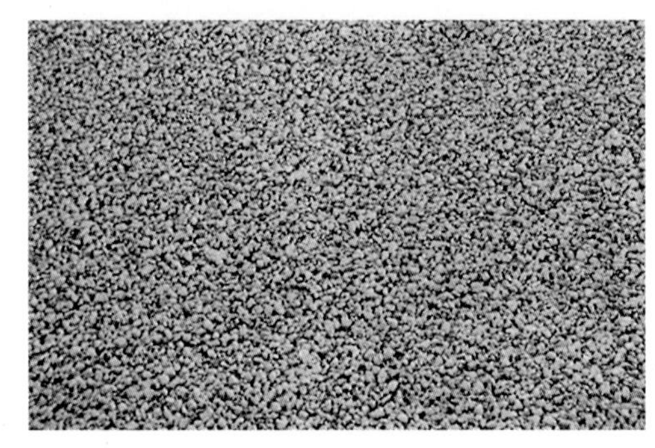

铺装表面

铺装表面(喷涂后经过表面打磨)

质　感　铺装的质感由于受到基层沥青混凝土的限制，种类相对较少。

耐久性　在交通比较拥挤的地方，较易引起表面凸起部的磨损，所以有时也对凸起部分进行打磨。

其他特征　利用透水性沥青混凝土铺装做垫层的情况较多，所以面层经常采用的是透水性的彩色铺装。

’85 筑波科学万国博览会场

昭和纪念公园　南入口广场(立川市)

丙烯酸类树脂铺装　涂刷

施工法　使用与丙烯酸类树脂喷涂铺装相同系列的材料，用橡胶刷子涂3～4遍，最后达到对基层沥青混凝土铺装进行着色的施工法。

色　调　根据不同颜料的组合调配，选择希望的色调。

质　感　首先利用沥青混凝土乳剂材料进行找平，所以涂刷后相对平整，与此同时由于掺入硅砂，表面呈微细颗粒状，相对比较不易打滑。

耐久性　相对比较不易被磨损。一次涂刷，可以保持100万人次的使用。

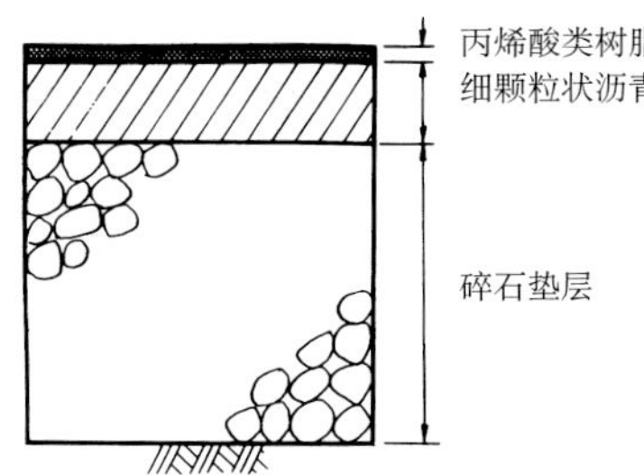

构造断面举例

东京迪斯尼乐园(浦安市)
© 1987 The Walt Disney Company

'85筑波科学万国博览会中央车站

自行车道(神户市)

模板式彩色地砖铺装

施工法　将带砖缝的模板(厚约2mm)粘贴在基层上，放入材料，并用抹子抹平后，把模板拆掉。材料上使用了丙烯酸类树脂及树脂水泥等，这种铺装也被称为瓷砖状涂刷式树脂铺装。

色　调　根据颜料的调配，选择色调。

质　感　根据使用材料，其表面质感也呈不同种类，砖缝一般为宽10mm，深2mm的凹槽。

耐久性　表面的保护层为2mm左右，作为涂刷式铺装，其耐久性较强。

其　他 特　征　因为有自由的可变性，在预制模板上可以方便地设计不同的铺砖尺寸的组合。

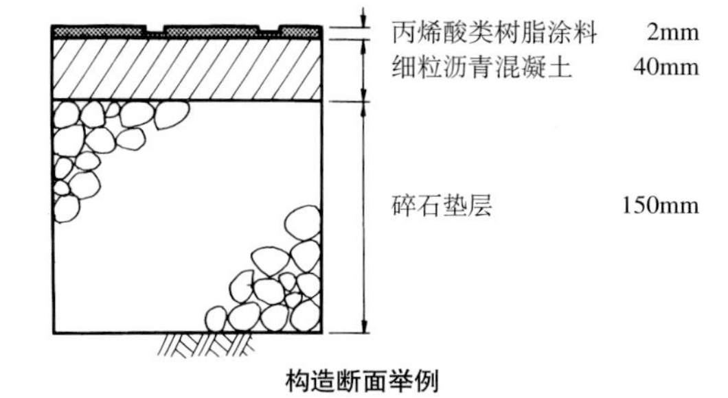

构造断面举例

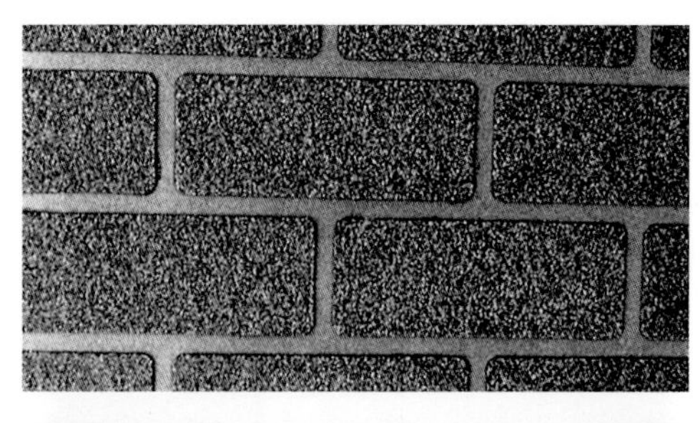

铺装表面

人行过街桥(台东区)

新潟县圣笼町政府前

无机二氧化硅铺装 喷涂

施工法 无机二氧化硅内掺入颜料等添加剂作为彩色铺装涂料来使用，并喷涂在基层的表面，以达到对路面的着色的施工法。

色 调 通过颜料的调配，选择希望的色调，绝对没有反光。

质 感 表面的质感随基层而变。

耐久性 交通量大的地方，表面凸出部分较易被磨损。耐水性相对较强。

其他特征 因为采用了透水性沥青混凝土铺装及透水性混凝土铺装做基层，所以作为透水性彩色铺装材料被使用。

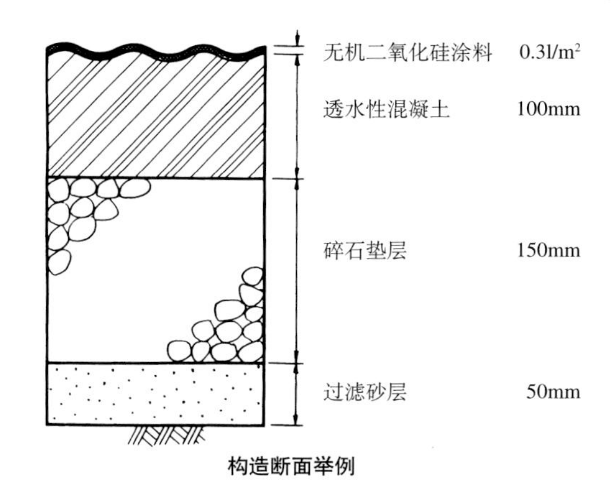

构造断面举例

'85 筑波科学万国博览会场
(大日精化工业株式会社提供)

无机二氧化硅铺装 涂刷

施工法 与无机二氧化硅铺装喷涂式采用相同的材料，通过橡胶刷或金属抹子，涂2～3回，使得沥青混凝土或混凝土路面达到着色的施工法。

色 调 根据颜料的不同组合，选择希望的色调。

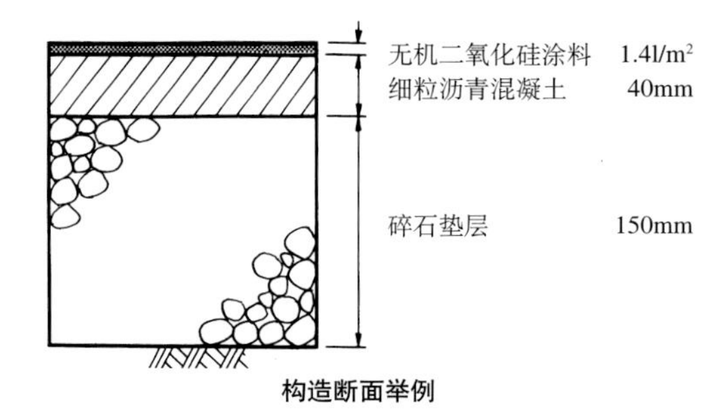

构造断面举例

质 感 与基层的凹凸表面呈相同质量，不会有地面反光现象。

耐久性 耐久性虽然较强，但是如果沥青混凝土基层不十分坚固时，会出现裂缝现象。

石炭历史村(夕张市)

聚氨酯材铺装

施工法 聚氨酯树脂着色后，用金属抹子或刷子涂刷在基层上，作为聚氨酯树脂的保护面层，采用3mm左右橡胶颗粒混合物，通过金属抹子或专用铺路机进行铺设的施工法。

色　调 基本上能够自由选择自己希望的色调，但由于黑色橡胶颗粒混合物的摩擦，使其呈黑色调。

质　感 通过面层处理，可以做成相对不易打滑的路面。

耐久性 面层的耐久性为2～3年，所以每隔2～3年需要重新喷涂一次。

其他特征 现在运动场、校园内、高尔夫球场的人行道上经常使用这种铺装，有一定弹性，走起来较舒适，并期待成为今后应用最广泛的人行道铺装之一。

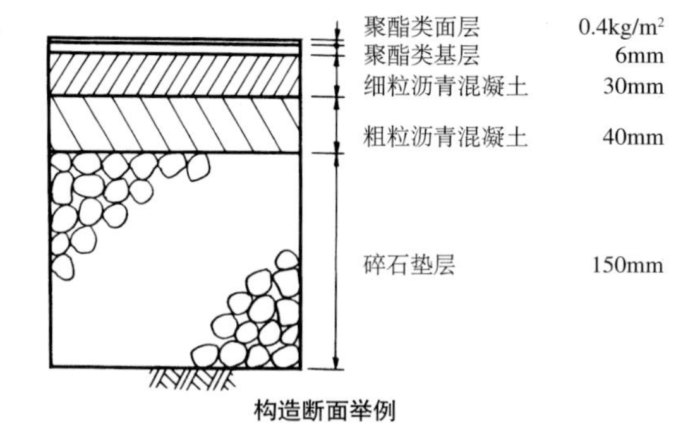

构造断面举例

高尔夫球场人行道

中央赛马场　美浦训练中心

立教小学校园
（长谷川体育设施株式会社提供）

环氧树脂灰浆铺装

施工法　采用着色的环氧树脂和硅砂的水泥混合物，用金属抹子涂抹在基层上的施工法。

色　调　环氧树脂的着色相对比较自由，因为有硅砂本色的影响，一般呈白色调。

质　感　表面呈粗糙纸状，不容易打滑。

耐久性　耐久性虽然较强，但是在沥青混凝土基层不十分坚固的情况下，较易发生裂缝。

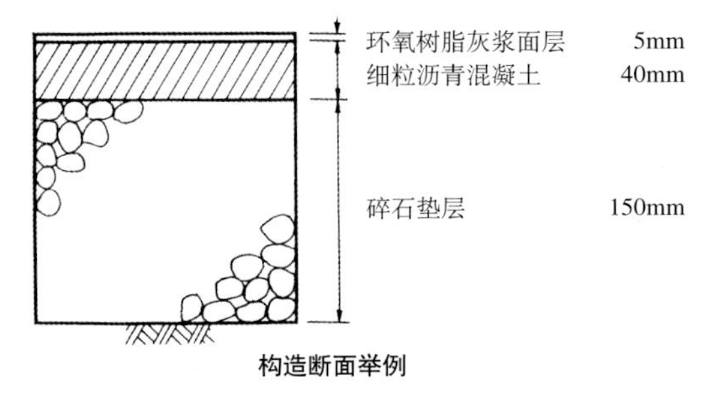

构造断面举例

高岛平站前道路(板桥区)

赤塚公园人行过街桥(板桥区)

山手绿廊(名古屋市)

和歌山县扇之丘公园(花王株式会社提供)

环氧树脂净装施工法

施工法　首先在基层上涂刷环氧树脂，并且在还未固化定型状态下，在其上方铺设线条图案等的工艺，并形成基层上的图案。

色　调　呈铺设图案的色调。

质　感　虽本身呈粗糙纸面的质感，但是随材料的形状、尺寸而显得更为明显，多数情况下被作为防滑铺装来使用。

耐久性　相对耐久性较强，但在沥青基层不坚固的情况下，较易发生凸起或裂缝的现象。

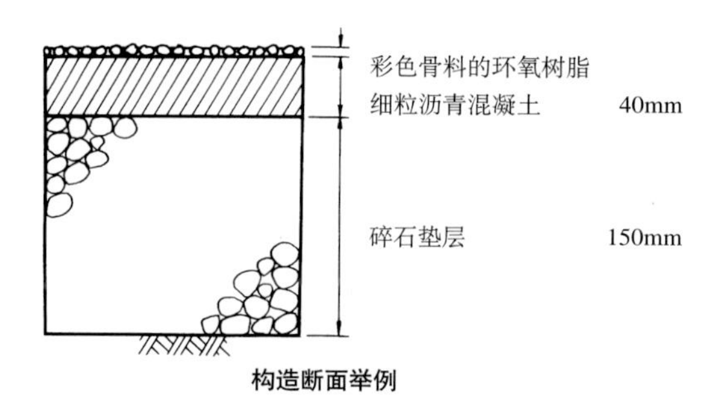

构造断面举例

箱根仙石原绿道(美州兴产株式会社提供)

'85筑波科学万国博览会场

有标记的道路

澳大利亚堪培拉

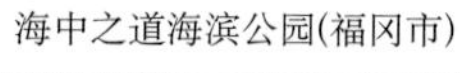
海中之道海滨公园(福冈市)

透水性高分子混合物铺装

施工法 无着色环氧树脂及聚氨酯树脂等高分子材料作为胶合剂与ϕ5mm左右的细砂粒混合，用金属抹子铺设透水性面层的工艺。

色　调 与使用原料的色调相同，施工后残留下来的高分子树脂光泽将随时间逐渐消去。

质　感 因为是透水性铺装，不会积水，能够体验到一种自然砂粒道路的感觉。

耐久性 在沥青混凝土基层不坚固的情况下，容易发生裂缝。

其他特征 此铺装为一种比较新的工艺做法，十分引人注目。

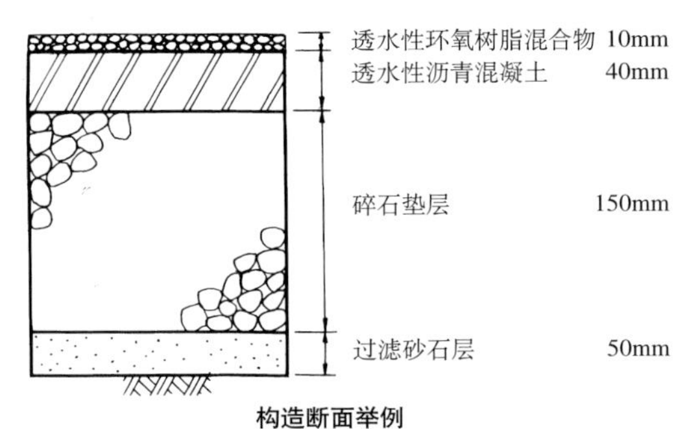

构造断面举例

昆森公园(丰田市)(美州兴产株式会社提供)

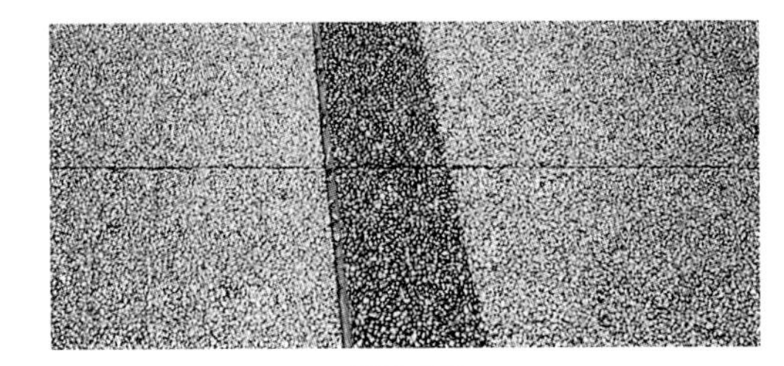

铺装表面

万座海滨　全日空饭店(冲绳县恩纳村)

世田谷区立美术馆

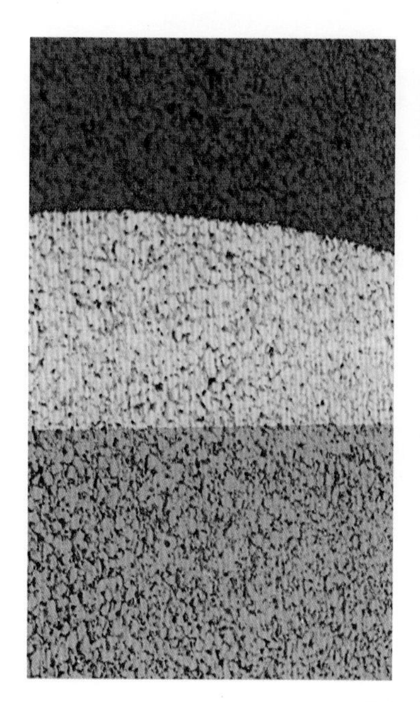

▲ **丙烯酸类树脂铺装** 喷涂 ’85筑波科学万国博览会场入口前。使用透水性沥青混凝土铺装作为基层，给人以柔软之感。

▼ **丙烯酸类树脂铺装 涂刷**
东京迪斯尼乐园(浦安市)一年有1000万人入场，日常管理维持工作有计划地进行。

▼ **丙烯酸类树脂铺装 涂刷**
港岛中央公园(神户市)

▲ **无机二氧化硅铺装　喷涂**　’85筑波科学万国博览会场(大日精化工业株式会社提供)
在透水性混凝土铺装表面进行喷涂。

环氧树脂灰浆铺装 ▶
扇之丘公园(和歌山县)
(花王株式会社提供)
这是通过铺装来表现鲜艳色彩的实例。在采用这种铺装时，一定要考虑与周边环境相协调。

◀ **环氧树脂净装施工法**
有明网球场森林公园散步道(江东区)

▼ **透水性高分子混合物铺装**
万座海岸全日空宾馆(冲绳县恩纳村)

半刚性铺装 金刚砂喷装面层 ▶
（下方的右侧）
半刚性铺装 打磨面层
（左上部分）
藤冈运动公园(藤冈市)

◀ **半刚性铺装** 金刚砂喷装面层
北滨公园(浦郡市)
粗粒沥青混凝土面层给人以自然之感。

彩色热轧沥青混凝土铺装 ▶
白金汉宫附近
（英国，伦敦）

◀ **透水性高分子混合物铺装**
昆森公园(丰田市)

◀ **铁丹沥青混凝土铺装**
冲绳海洋博览会
纪念公园(冲绳县本部町)

铁丹沥青混凝土铺装 ▶
泉北卫星城(堺市)
侧排水沟为块石铺砌

◀ **脱色沥青混凝土铺装**
岛根县津和野町殿町
掺入混砂粘土,呈土黄色,给人以自然土路之感。

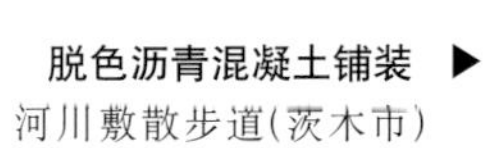

脱色沥青混凝土铺装 ▶
河川敷散步道(茨木市)

透水性脱色沥青混凝土铺装 ▶
纪三井寺绿道(和歌山县)
(富士兴产沥青混凝土株式会社提供)

◀ **混砂粘土铺装**

高松市中央公园　在公园内的园路、广场的彩色铺装中，混砂粘土铺装的出现，给人一种轻松自然之感。

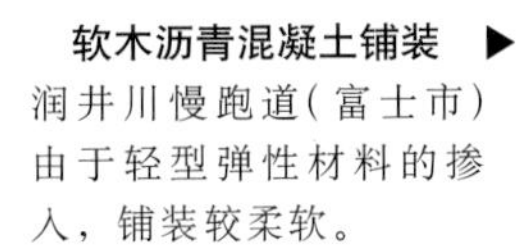

软木沥青混凝土铺装 ▶
润井川慢跑道(富士市)
由于轻型弹性材料的掺入，铺装较柔软。

◀ **软木沥青混凝土铺装**
扶桑绿地公园慢跑道
(爱知县扶桑町)

◀ **粘土铺装**
港岛中央公园
(神户市)

水刷石混凝土铺装 ▶
港岛中央公园
(神户市)

▼ **沥青砌块铺装** 太阳之乡网球场(茅之崎市)(川口商工株式会社提供)

彩色混凝土板铺装 ▶
三宫附近(神户市)
人行道与自行车
道呈分离式

◀ **混凝土预制板铺装**
松江站前(松江市)

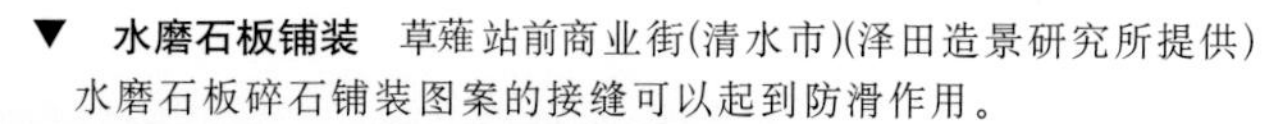

▼ **水磨石板铺装** 草薙站前商业街(清水市)(泽田造景研究所提供)
水磨石板碎石铺装图案的接缝可以起到防滑作用。

▲ **水磨石板铺装** 三宫附近(神户市) 为了防止打滑，镶嵌了防滑橡胶点

▲ **水刷石混凝土板铺装**
本州中国地区高速公路鹿野休息所(山口县)

▼ **水刷石混凝土板铺装**
本州中国地区高速公路七塚原休息所(广岛县)

▼ **水刷石混凝土板铺装** 九州横断道金立高速公路中途休息所(佐贺县)

半刚性铺装

特　性　在粗粒沥青间隙中填充添加了具有柔软性的特殊树脂的水泥塑胶铺装。它可以改善沥青混凝土易流动变形及不耐油性的弱点，同时还可以通过水泥塑胶的着色、打磨等方法，作为彩色铺装来使用。

半刚性铺装　金刚砂喷装面层

施工法　在半刚性铺装的表面，用金刚砂喷装面层，通过强调材料的质感，达到表现自然之感的施工法。

色　调　可以使用彩色颜料或塑胶进行着色。

质　感　表面粗粒，不易打滑的铺装。

耐久性　耐久性与一般的沥青混凝土铺装类似，在车辆交通较繁忙的地段也可以使用。

茂密的绿道
（丰川市）

半刚性铺装金刚砂喷装面层　40mm

碎石垫层　150mm

构造断面举例

山彦公园(冈谷市)

铺装表面

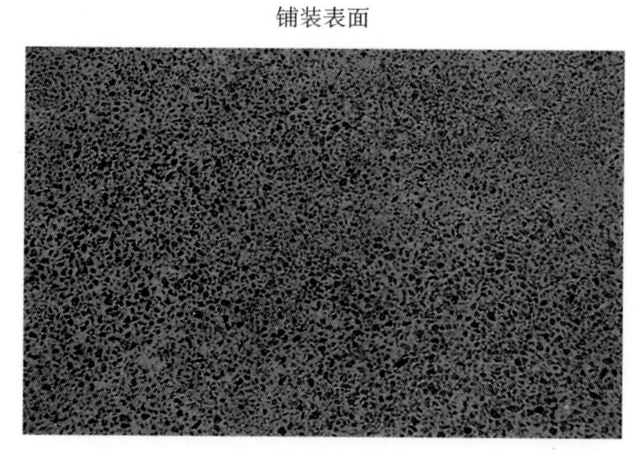

半刚性铺装　打磨面层

施工法　在半刚性铺装的表面掺入砥石，并对其进行打磨，使铺装表面出现如同水磨石般效果的面层处理施工法。

色　调　通过料材的颜色或塑胶着色来达到希望的色彩。

质　感　虽然表面较平滑，但是相对不太容易打滑。

耐久性　耐久性方面与一般的沥青混凝土铺装相同。

其他特征　也有像表面如同预制板的规则式连缝图案。

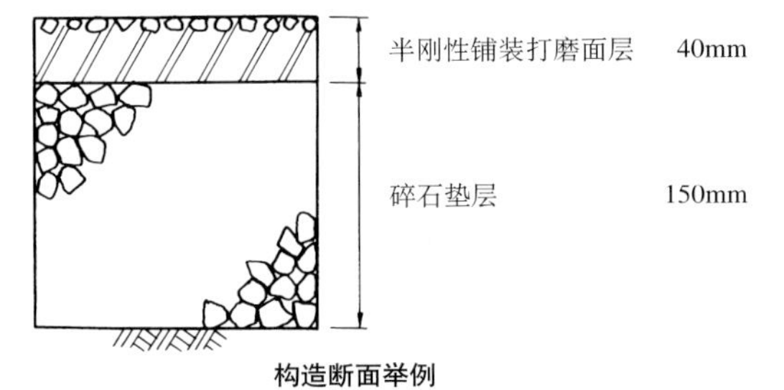

构造断面举例

海之中道海滨公园(福冈市)

三原站前商店街

山彦公园(冈谷市)

藤冈运动公园(藤冈市)

彩色骨料沥青混凝土铺装

施工法 作为细粒沥青混凝土的添加材料而被使用的彩色骨料，随着沥青混凝土表面的磨损，添加材料的颜色就更加明显。为了减少磨损，也可在面层上洒细砂。

色　调 主要以彩色骨料为主色，但是也残留一部分沥青混凝土的黑色。

质　感 与一般的细粒沥青混凝土的质感相同，但是较易打滑。

耐久性 耐久性与一般的沥青混凝土铺装相同，车辆等交通量较多的地段也可以使用。

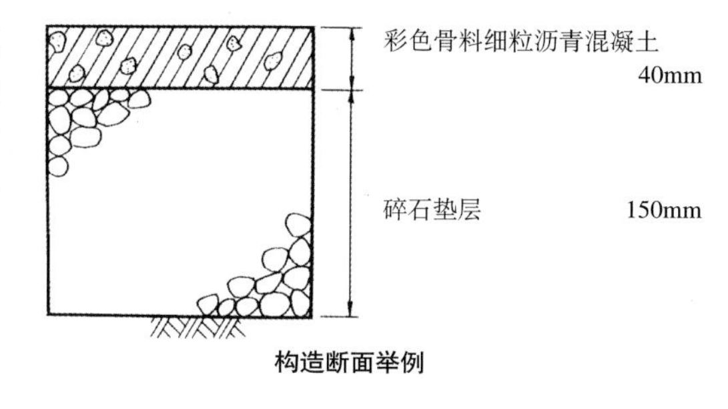

构造断面举例

铺装表面

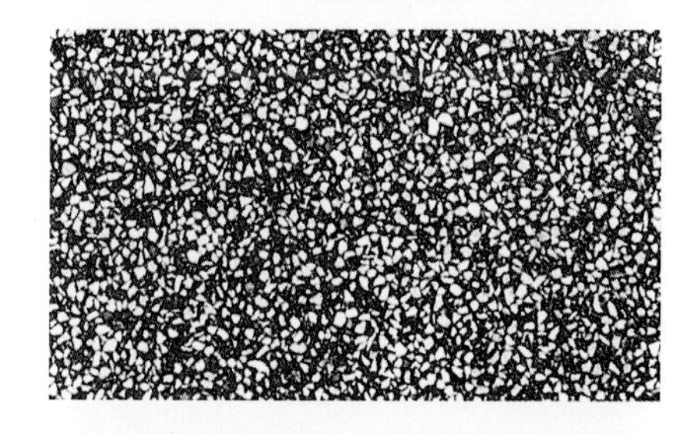

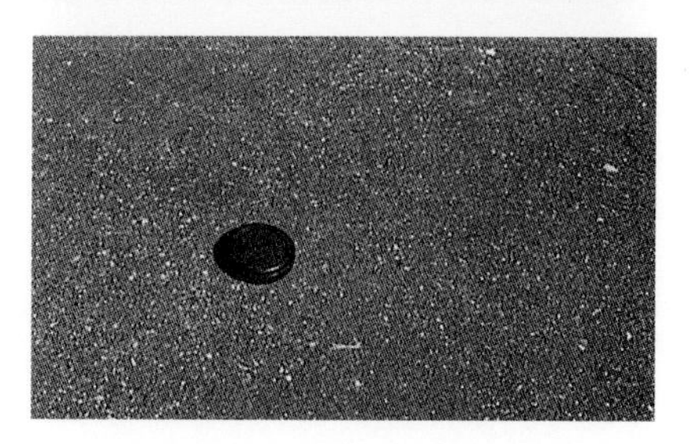

鹤舞公园(名古屋市)

丘园植物园(英国，伦敦郊外)

彩色热轧沥青混凝土铺装

施工法　在细粒沥青混凝土表面上均匀散布彩色骨料，并通过机械压实使其坚固的施工法。

色　调　在黑色的沥青混凝土中点置着彩色骨料的色彩。

质　感　表面呈不易打滑的铺装。

耐久性　耐久性与一般沥青混凝土铺装相同。

其他特征　也有在以沥青混凝土为主色调的基础上点缀着掺入茶红色的骨料。

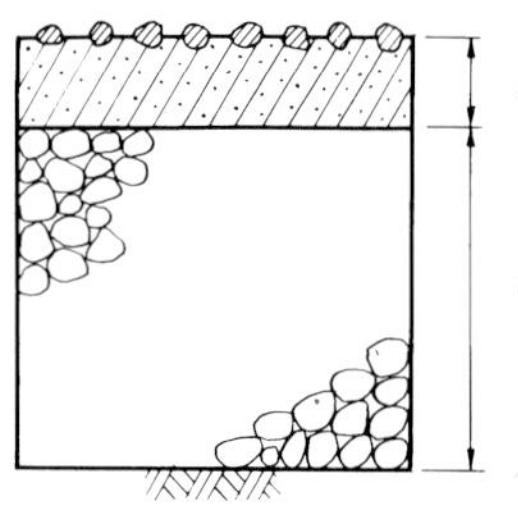

彩色热轧沥青混凝土 40mm

碎石垫层 150mm

构造断面举例

宫城县七之宿街道
(日本铺装株式会社提供)

阿尔卑斯公园(松本市)

名古屋市高针住宅园路

铁丹沥青混凝土铺装

施工法　用无机红色颜料代替通常使用的石粉掺入沥青混凝土中，使混凝土呈赧茶色的施工法。如果使用透水性沥青混凝土即成为透水性彩色铺装。

色　调　颜色只为茶色系列，不会出现其他颜色。

质　感　与一般的沥青混凝土铺装相同。多数为最大粒径在5mm的混合物。

耐久性　耐久性与一般的沥青混凝土铺装相同。

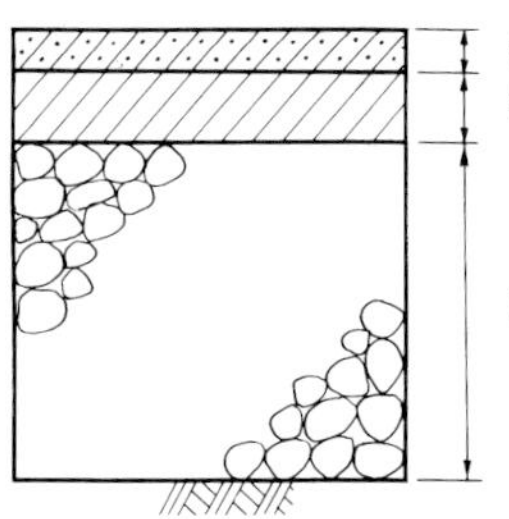

铁丹沥青混凝土　20mm
细粒沥青混凝土　30mm
碎石垫层　150mm

构造断面举例

板桥区立高岛平图书馆

雾降高原(栃木县)

本州中国地区高速路胜央休息所(冈山市)

筑波科学城

脱色沥青混凝土铺装

施工法 利用与沥青混凝土相类似的受热后可伸缩的石油树脂(透明)作为表层，并通过添加颜料的混合物，施工方法与通常的沥青混凝土相同，平铺沥青混凝土料，最后通过机械压实，使其达到坚固的施工法。

色 调 根据颜料的不同，可以有红色、青色、茶色、黄色等不同颜色。

质 感 与一般的沥青混凝土铺装相同。几乎没有鲜艳的颜色。

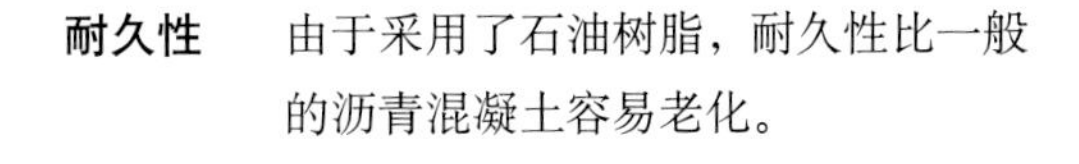

耐久性 由于采用了石油树脂，耐久性比一般的沥青混凝土容易老化。

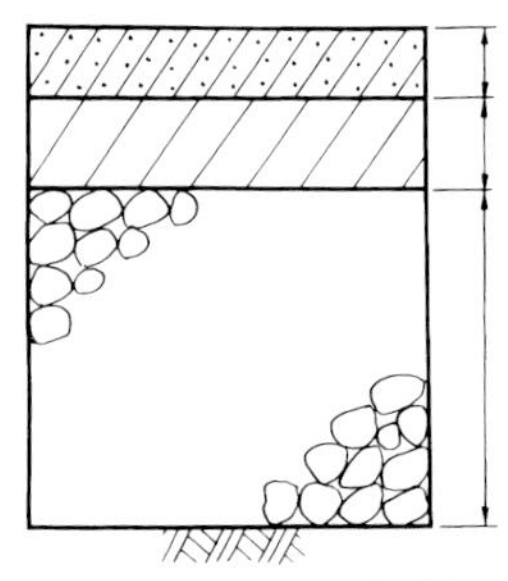

构造断面举例

八王子市八日町商店街

春野运动公园(高知县)(富士兴产沥青混凝土株式会社提供)

岛根县津和野町殿町

小人世界(犬山市)

透水性脱色沥青混凝土铺装

施工法　用受热后可以伸缩的石油树脂作面层，用透水性原料做成的混合物，一但通过颜料进行着色，那些没有被着色的原料就会显得更自然。不加颜料的原料多掺入砂粒。施工与通常的沥青混凝土铺装相同。

色　调　如果是使用颜料的话，可以呈红、青、茶、黄等颜色，如果不添加颜料的话，原料呈自然色。

质　感　与一般的透水性沥青混凝土铺装相同。

耐久性　与沥青混凝土相比，表面较易老化。

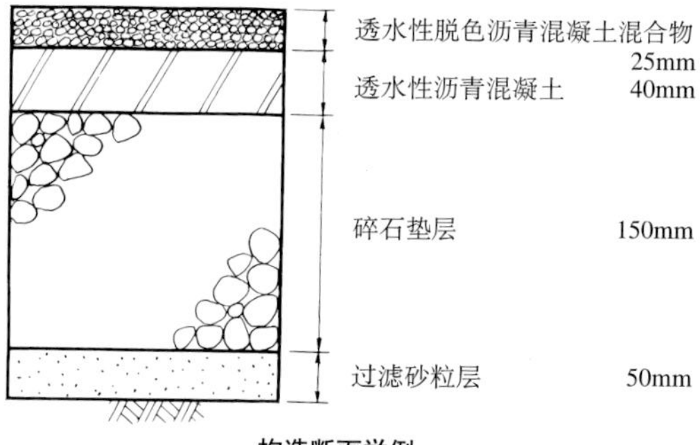

构造断面举例

人行道(宫城县)

邻里公园(长崎县)

小人世界(犬山市)

混砂粘土铺装

施工法 用混砂粘土做原料，并与沥青混凝土面层在常温下进行混合铺设压实的工艺。施工法与一般的沥青混凝土相同。

色　调 呈混砂粘土的色调。

质　感 混砂粘土粗粒部分可以从面层看到，具有平坦而又细部凹凸变化的特征，走起来有一种柔软的感觉。

耐久性 易被磨损，交通量较小的地方，可以增加铺装的厚度，也可以行车。

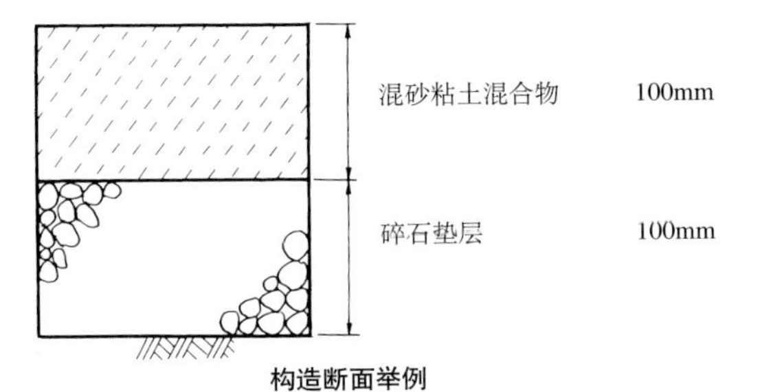

构造断面举例

铺装表面(日本道路株式会社提供)

高松市中央公园

濑户内海国立公园 五色台野营场
(日本道路株式会社提供)

锯末铺装

施工法　在透水性的路盘上散布锯末后压实的一种铺装，表层与沥青混凝土混合后使其保持安定。

色　调　呈黑色且具有自然之感的铺装。

质　感　有弹性，并给人一种柔软之感。

耐久性　与沥青混凝土混合后的锯末较不易被腐蚀，而且耐久性也较好。

其　他特　征　这种道路是为利用者提供的专用散步道或慢跑路铺装。作为同类铺装，采用碎木块或碎竹块等材料使用在赛马场或马道上。

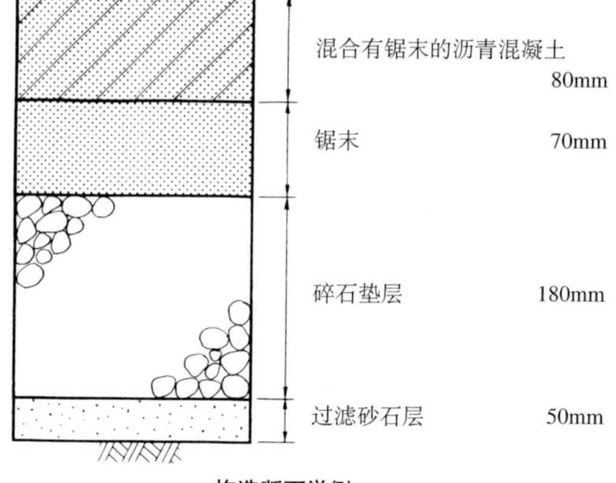

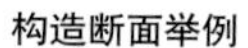
构造断面举例

铺装表面

慢跑专用道(北海道士别市)

山彦公园(冈谷市)(日本铺道株式会社提供)

软木沥青混凝土铺装

施工法 这是一种渗入ϕ 1 ~ 5 mm的轻型有弹性软木颗粒的沥青混凝土混合物，并把它铺平压实的一种工艺。作为基层,需要采用沥青混凝土铺装。

色　调 有沥青混凝土的黑色与添加红色颜料后的茶色两种颜色，通过表面摩擦，会露出颗粒状的软木。

质　感 虽然较平滑，但相对不易打滑。

耐久性 是一种沥青混凝土的混合物，轻型有弹性的软木也是不易被腐蚀的材料，相对来说较具耐久性。

其他特征 因为是一种有弹性的铺装，多被使用在散步道、慢跑道、赛马场等处。

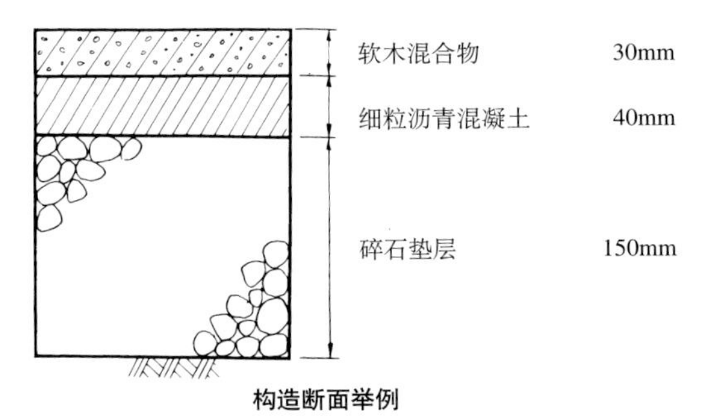

构造断面举例

岐阜赛马场前

扶桑绿地慢跑专用道(爱知县扶桑町)

润井川慢跑专用道(富士市)

粘土铺装

施工法 平整现场的土并进行压实，或采用沙土压实，土与砂石混合后压实等的施工法。

色　调 与使用土体的颜色相同。

质　感 无论是走上去还是看上去就会产生一种柔软的感觉。砂粒掺入越多越柔软。

耐久性 因为是一种柔软的铺装，维持管理上需要定期的平整、压实。

其他特征 土壤粘性较大时，把土和砂石混合压实。另外如果铺装面积较大时，需要设盲沟排水。

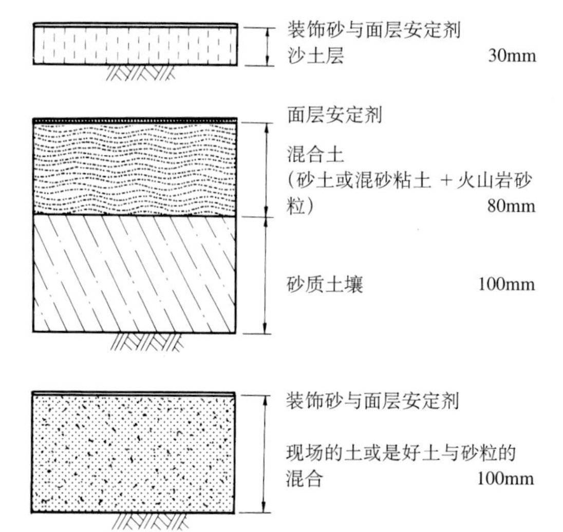

构造断面举例

西川绿道公园(冈山市)

横十间川亲水公园(江东区)

住吉公园内儿童游园(大阪市)

砂、碎石铺装

施工法 在平整的路基上直接铺设砂粒或碎石的简易施工法。

色　调 呈使用砂粒或碎石本身的颜色，根据材料可以有较鲜艳的色彩，也可以是较沉稳的色彩。也有各色石粒混合的砂粒。

质　感 砂粒或碎石的自然铺设，走起来很舒适。

耐久性 作为维持管理的内容，需要定期补充砂粒或碎石，平整路基等。

其他特征 施工面积较大时，也需要利用盲沟进行排水。

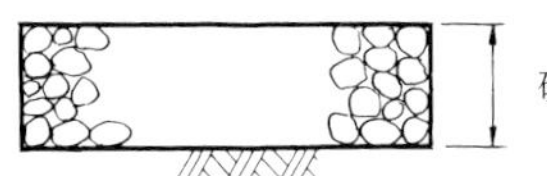

构造断面举例

马事公苑(世田谷区)

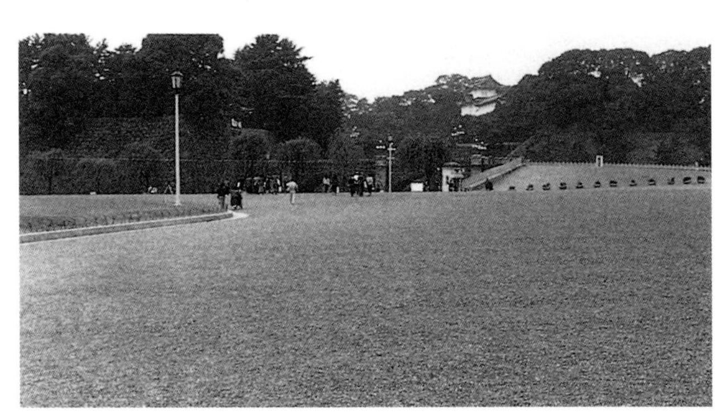

皇居前广场(千代田区)

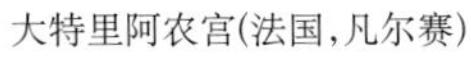

大特里阿农宫(法国，凡尔赛)

本州中国地区高速公路 鹿野休息所(山口县)

灰渣铺装

施工法　压实砂粒灰渣并使之坚固的施工法。

色　调　砂粒的淡灰色。

质　感　呈很细腻的质感，走起来比较柔软。

耐久性　与陶土粉铺装相比耐磨性较强，但是为了保证表面良好状态，一年需要1～2次的整理。

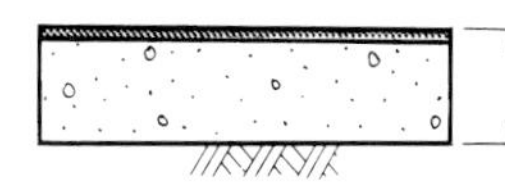

构造断面举例

水门桥(江东区)

’86札幌花卉博览会場慕尼黑庭园

南砂三丁目公园(江东区)

新宿中央公园(新宿区)

垫砂铺装

施工法　在平整的路基上铺设天然砂石或碎砂粒的简易铺装法。

色　调　与被使用的砂石色彩相同，可以根据材料的不同，获得鲜艳的或者较为朴素的颜色。

质　感　具有较纤细的纹理，有一种自然的质感，砂粒层越厚，行走时的柔软感越明显。

耐久性　维持管理方面需要定期补充砂粒和平整路基。

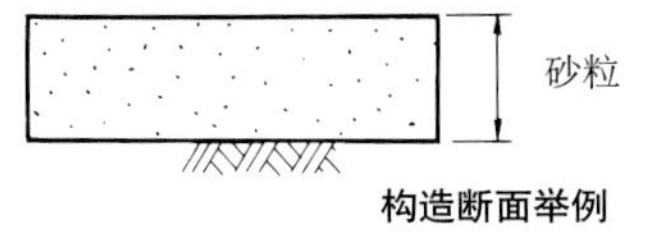

构造断面举例

上贺茂神社(京都市)

日比谷公园(千代田区)

平安神宫(京都市)

彩色混凝土铺装

施工法 用加入颜料进行着色的彩色混凝土进行铺装。

色 调 根据颜料来决定色调。

质 感 毛刷表面处理或金属抹子等，质感随表面处理方法的不同而变化。走起来有一种坚硬之感。

耐久性 与混凝土铺装相同，耐久性较强。

其 他 特 征 与混凝土铺装相同，应设置伸缩接缝。

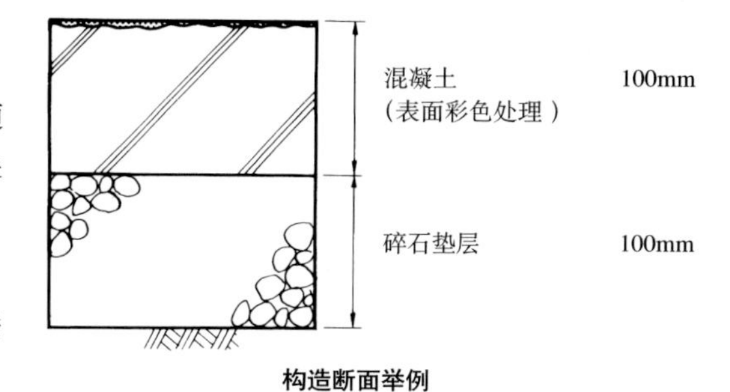

构造断面举例

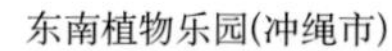
东南植物乐园(冲绳市)

水刷石混凝土铺装

施工法　在混凝土还没有完全固化时冲洗其表面，使混凝土内的石粒出露的一种面层处理铺装。

色　调　通过使用不同颜色的骨料，使其呈鲜艳或朴素的色调。

质　感　可以从表面直接看到骨料的自然质感，随着骨料的大小和形状的不同，其表面肌理也不一样。走上去感觉较坚硬。

耐久性　与混凝土铺装相同，耐久性较强，有时也会发生局部面层骨料脱落的现象。

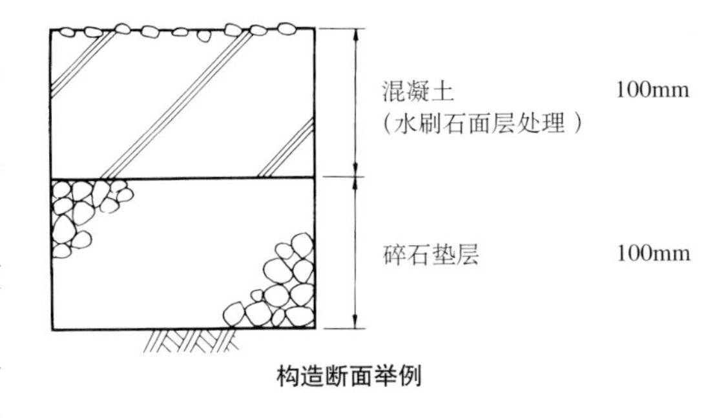

构造断面举例

筑波科学城 散步道

五加广场(仓敷市)

东北高速公路 前泽休息所(岩手县)

驹泽奥林匹克公园　驹泽体育馆周边(世田谷区)

▲ **联锁砌块铺装**
砧公园绿化道路(世田谷区)

▲ **联锁砌块铺装**
榉树大道(福冈市)　黑色部分为木制砖铺装。

◀ **联锁砌块铺装**
本州中国地区高速公路上月休息所
(兵库县)

▼ **联锁砌块铺装**　福冈朝阳(福冈市)

◀ **联锁砌块铺装**
浦田站前再开发(大田区)(日本水泥株式会社提供)

▼ **联锁砌块铺装**
本州中国地区高速公路王司休息所(山口县)

▲ **联锁砌块铺装**　昭和纪念公园(立川市)
(三菱矿业水泥株式会社提供)　联锁型(近处)与普通型(远处)的组合。

▼ **联锁砌块铺装**　多摩新城落合6丁目(关东道路株式会社提供)

树脂混凝土板铺装 ▶

松山大街道(松山市)大寸尺的平板铺装为商店街创造出轻松舒适的氛围。

◀ **树脂混凝土平铺装**

片原町商店街的步行街(高松市)

两侧的商店并没有被中央的步行街分开，而是与整个商店街构成一体。铺装的效果极为明显。

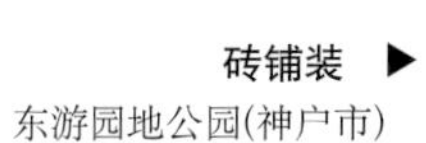

砖铺装 ▶

东游园地公园(神户市)

◀ **砖铺装**

西川绿道公园(冈山市)利用高温炉内使用过的耐火砖做成的铺装。作为利用废弃材料的二次铺装制品给人一种别具风格的感受。

◀ **砖铺装**

荷兰村(长崎市)通过排列整齐的机砖铺装,能够达到通行机动车道路的强度。

砖铺装 ▶

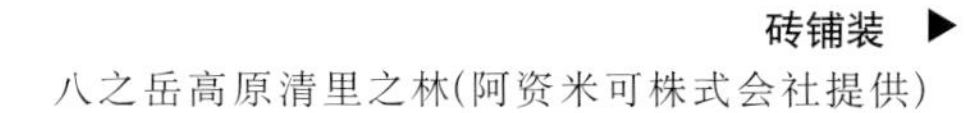

八之岳高原清里之林(阿资米可株式会社提供)

▼ **砖铺装** 华盛顿D.C.(美国)(大石道义氏提供)

联锁砖铺装 ▶
小田急线本厚木站北口站前广场(厚木市)

▲ **联锁砖铺装** 高松市中央公园

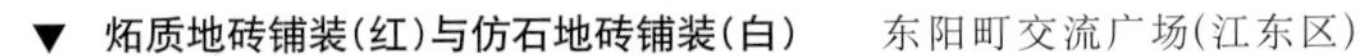

▼ **炻质地砖铺装(红)与仿石地砖铺装(白)** 东阳町交流广场(江东区)

◀ **瓷质地砖铺装**
（正方形·小）
混凝土板铺装
（长方形·大）
关越高速公路赤城高原休息所(群马县)

炻质地砖铺装 ▶
筑波科学城散步道

◀ **地砖铺装**
神户市内　图案式的铺装镶嵌其中

地砖铺装 ▶
港町樟树广场(横滨市关内)

◀ **地砖铺装** 冲绳海洋博览会纪念公园(冲绳县本部町)

陶板铺装 ▶
福冈市立美术馆周边

▲ **陶板铺装** 博多站周边(福冈市)

▲ **仿石地砖铺装** 神户市内

◀ **瓷质地砖铺装**
阳光城(丰岛区池袋)

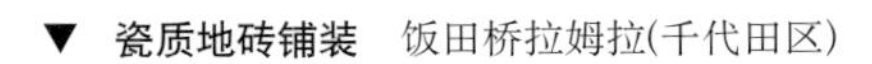

▼ **瓷质地砖铺装** 饭田桥拉姆拉(千代田区)

沥青砌块铺装

施工法 用沥青或石油类的树脂作为压制的原材料做成形状固定的预制砖，用细砂或水泥砂浆做找平层，在步道桥等场所，用沥青混合物粘贴。

色 调 多以沥青色系的黑色及褐色为基本色调，也有掺入颜料做成厚10mm彩色面层复合材料，可以有几种可供选择的颜色。

质 感 具有重厚的色调及沥青复合材料的肌理，根据接缝组合的图案，创造出比通常沥青完全不同的细部质感效果，有一种相对柔软之感 。

耐久性 步行时有一种弹性感，不易打滑。

其他特征 因为能够吸收步行者的脚步声，所以建筑内部也常被利用。厚度有20～25mm贴面砖型和40～50mm平板型两种材料。

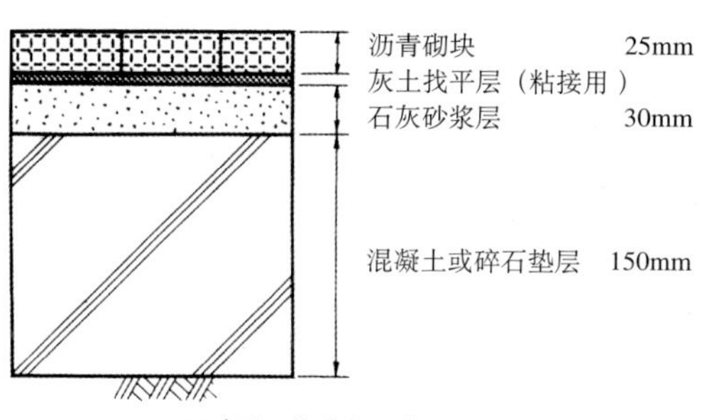

面砖型　构造断面举例

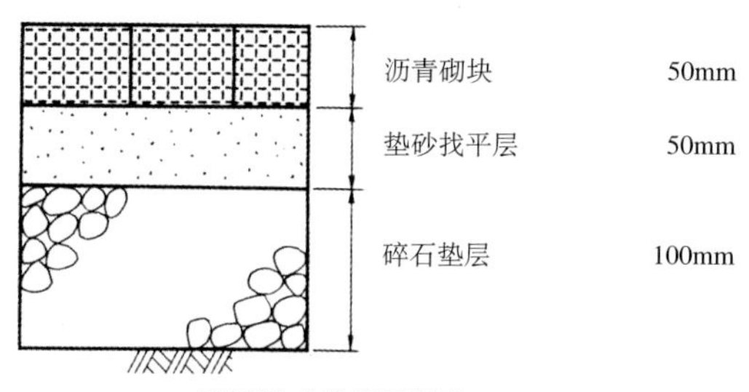

平板型　构造断面举例

南守谷步道桥（茨城县守谷町）
（株式会社川口商工社提供）

丸山台公园（横滨市）（株式会社川口商工社提供）

彩色混凝土板铺装

施工法　混凝土平板上做成表面呈面砖型、砖型、圆形等图案的彩色的铺装材料。施工分为在路基上铺30mm的砂石找平垫层，并在其上直接铺设彩色混凝土平板的工艺，和在灰土与砂混合的石灰砂浆混合层上用连接层固定彩色混凝土平板的施工法。

色　调　使用无机颜料，不易褪色，而且色调也很丰富。

质　感　面层平整，表面由各种石粒组成丰富的色彩，同时表面做成凹凸的图案或不同工艺的加工，不易打滑。

耐久性　有很强的耐压性与耐磨性，达到了JIS A 5304规定的强度。

其他特征　除普通的彩色混凝土平板砖外，还有透水性及缓和反射光、隔热等其他特性的平板铺装材料。

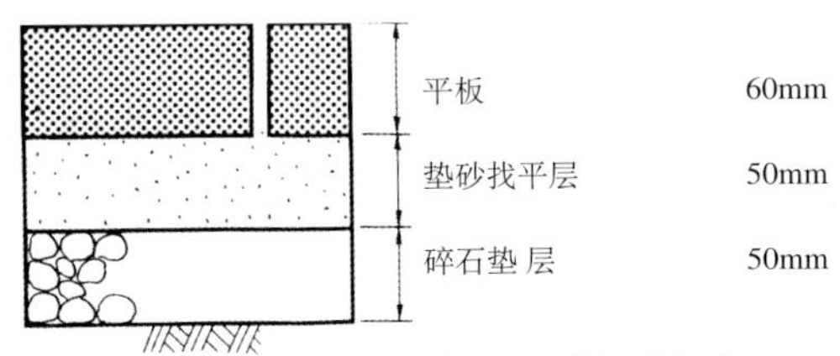

砂垫工艺　构造断面举例(步行路)

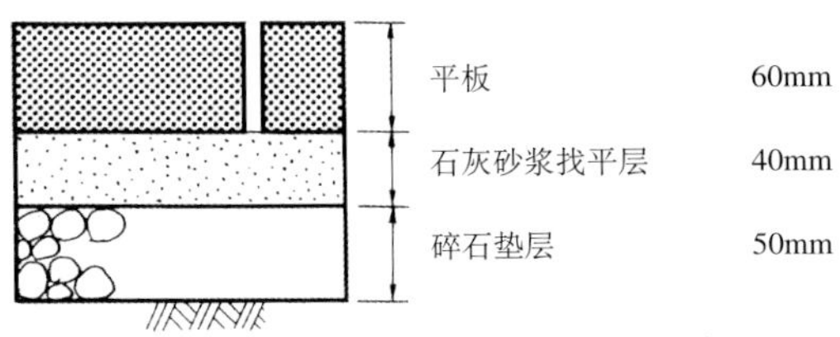

不加水搅拌工艺　构造断面举例(步行道)

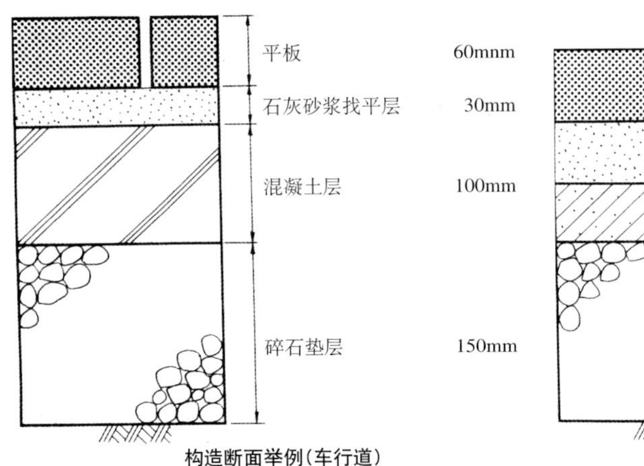

构造断面举例(车行道)

平板　60mm
石灰砂浆找平层　50mm
粗粒沥青混凝土层　50mm
碎石垫层　150mm

构造断面举例(车行道)

铺装表面　藤冈运动公园

铺装表面　东池袋中央公园

铺装表面　东京农业大学校园

东京农业大学校园
（世田谷区）

名神高速公路　多贺休息所(滋贺县)

天文馆大道(鹿儿岛市)

东南植物乐园(冲绳市)

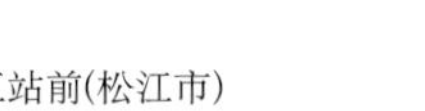

松江站前(松江市)

水磨石板铺装

施工法　用花岗石或大理石等天然石材为主要材料，通过表面处理成磨切等工艺制成平板，施工工艺与混凝土彩色板相同。

色　调　表面有光泽，具有天然石材的色调。

质　感　质感与表面石材的材质有很大关系，有绚丽的色泽，也有凹凸不平的面层设计，给人以豪华之感。

耐久性　与混凝土板具有相同的耐久性。

其　他
特　征　因为表面遇水时易打滑，使用的场所需要十分注意。作为室内铺装材料最为适合。

JR 町田站附近(町田市)

清水站前银座(清水市)

神田的图书一条街(千代田区)

瀬户市商业街

水刷石混凝土板铺装

施工法 在混凝土平板的表面贴上天然鹅卵石或石子，在混凝土还未完全硬化时，用水洗刷表面，使其露出卵石或石子，创造出如同大自然中的石质美感。施工法与混凝土彩色平板铺装相同。

色　调 完全自然的天然卵石或石子的色调。

质　感 因为表面露出卵石或石子，看上去、走上去都有一种凹凸变化的自然之感。

耐久性 施工后经过较长一段时间的使用后，石粒也会出现剥落的现象，而且会从此处不断扩大。如果排水沟的边缘采用这种做法时，石粒间的粘接混凝土等较容易被磨损。

其他特征 步行时的感觉十分舒适，但是对于鞋跟较高的步行者来说，走起来时也会有一些负面的效果，所以说施工的场所一定要充分考虑。

铺装表面(与塑石面砖组合)

阿区毕路斯周边(港区)

阿区毕路斯 · 三德利大厅前(港区)

阿区毕路斯 · 阿区广场(港区)

北砂水上公园(江东区)

世田谷区立美术馆

多摩卫星城　过街桥(多摩市)

本州中国地区高速公路
七塚原休息所(广岛县)

东池袋中央公园(丰岛区)

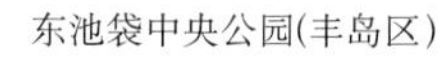

昭和纪念公园　立川口大街(立川市)

联锁砌块铺装

施工法 相对较厚的一种混凝土砌块铺装材料，耐磨耐压。不同的铺装砖之间的组合能够达到很好的效果，能够组合成多种图案。

色　调 通过砖块的组合及色彩的变化可以表现出各种各样的色调。

质　感 具有混凝土本身特有的质感，又有几何形复杂的图案组合。表面处理有水刷石或水磨石型，接缝也有直拼型的，走起来稍微有一些硬质的感觉。

耐久性 车行道也可使用，具有较强的耐久性。

其他特征 被用作停车线标志的情况也很多。而且使用透水性的材料进行施工的情况也较多。

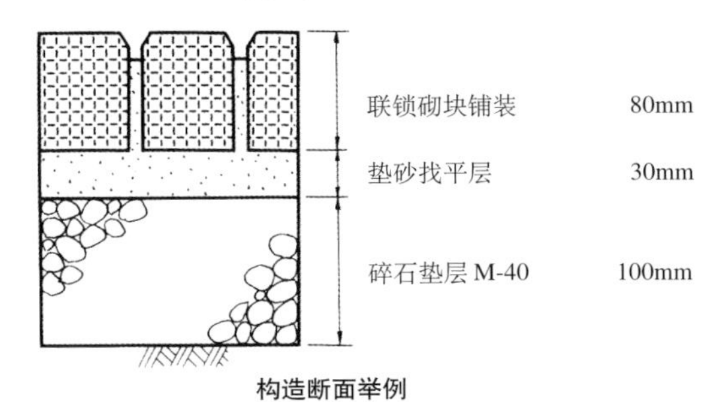

构造断面举例

各种各样的铺装表面

'85筑波科学万国博览会场

家族塔东阳
入口广场(江东区)

多摩卫星城　绿道(八王子市)

东阳町交流休闲街(江东区)

日本女子大学校园(文京区)

东北高速公路　长者原休息所(宫城县)

芝公园(港区)
(三菱矿业灰土株式会社提供)

福冈商波利斯(福冈市)

名神高速公路　养老休息所(岐阜县)

原宿　波拉木斯小径(涩谷区)

横十间川亲水公园(江东区)

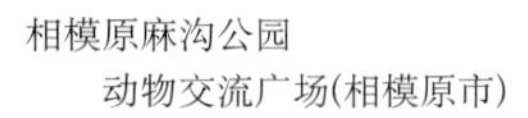

相模原麻沟公园
动物交流广场(相模原市)

阿区毕路斯周边(港区)

砧公园(世田谷区)

树脂混凝土板铺装

施工法　利用聚酯等高分子作为原材料，把天然石片做成人造石板。也能做成厚度10mm左右的薄型预制板。

色　调　多根据使用的石材颜色而定。

质　感　表面平滑有色彩，不易打滑。

耐久性　与灰土类的材料相比，受温度的影响而发生膨胀的伸缩率较大，所以需要注意接缝的处理，如果是很湿润地基，也不会出现泛碱的现象。

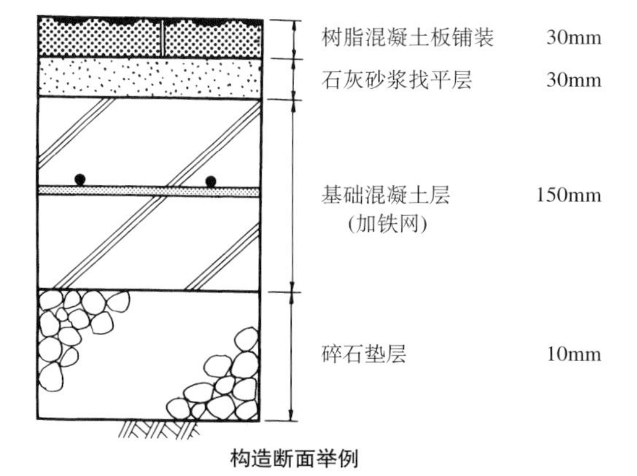

构造断面举例

铺装表面

松山大道(松山市)

砖铺装

施工法 这是一种一直沿用下来的铺装做法，在欧洲各地都很常见。用细砂填缝的做法较易进行修补和修改。

色　调 机砖每块颜色都有微妙的变化，呈现特有的烧制色调。

质　感 素朴的烧制肌理，微细变化的表面，具有自然且厚重之感。不易打滑，接缝的线形也有呈图案状的组合。

耐久性 有耐盐碱的效果，寒冷地区等也能使用。但是表面耐冲撞力较差，较易出现边角缺损的现象。

其他特征 长久被使用的机砖或高炉用的机砖等都具有各自不同特征的颜色与肌理。

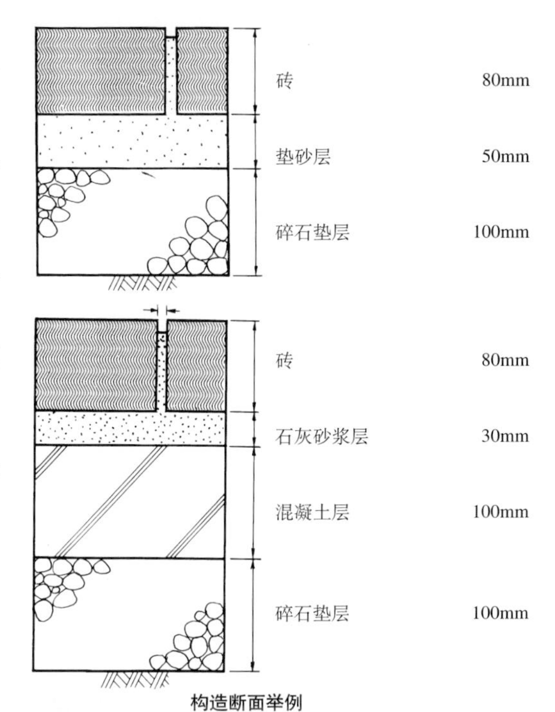

构造断面举例

阿伊毕·斯区埃阿(仓敷市)

西川绿道公园(冈山市)

华盛顿 D.C.(美国)(大石道义氏提供)

植物园(新加坡)

英国大使馆前(千代田区)

’85 筑波科学万国博览会场

托莱多(西班牙)

滨寺公园(堺市)

联锁砖铺装

施工法　将红色机砖烧制成耐火砖后进行各种不同形式组合做成的一种铺装，作为一种有柔性的铺装材料被使用。

色　调　机砖本身有一种被烧制的感觉，从厚重的色彩到表面形状，表现出各种各样的色调。

质　感　机砖细微变化的自然表面，不易打滑。加上接缝的各种图案效果，使其更加有趣。

耐久性　较耐磨损且耐久性强。但耐冲撞力较差，部分容易出现边角缺损的现象。

其　他
特　征　砖有保水性，透水能力较强，不易积水。

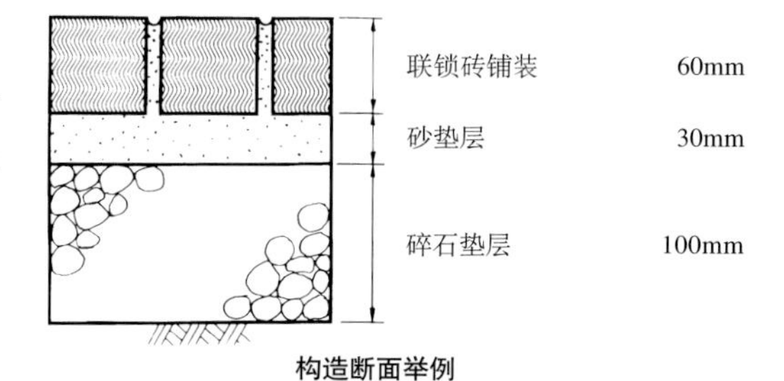

构造断面举例

八王子市机砖大道　大楼外沿

八王子市机砖大道

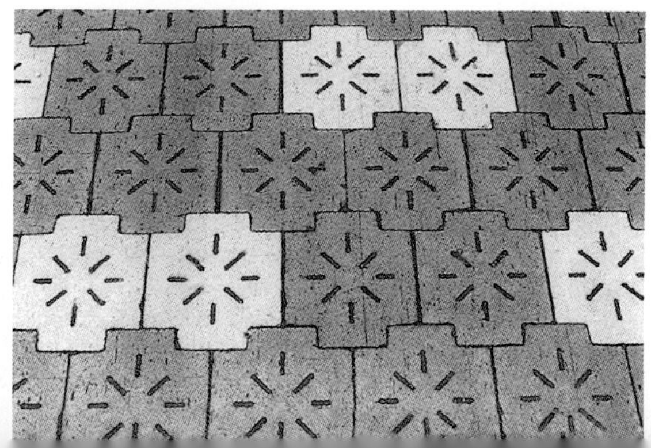

樱丘区民中心周边(世田谷区)

平塚市综合公园

玉川高岛屋周边(世田谷区)

炻质地砖铺装

施工法 混凝土基层上用石灰砂浆找平层粘接地砖的铺装作法。面砖的吸水率小，热膨胀伸缩率大，接缝处的施工需要考虑此因素。

色　调 自然厚重的颜色和烧制的微妙色彩及上釉的变化等，具有丰富的色调。

质　感 无釉的面砖具有烧制后的朴素肌理及厚重色彩。细微的表面变化。接缝的图案多种多样，肌理微妙的变化创造出一种特有的气氛。

耐久性 在原料性质的基础上，烧制成坚硬致密材料的面砖。

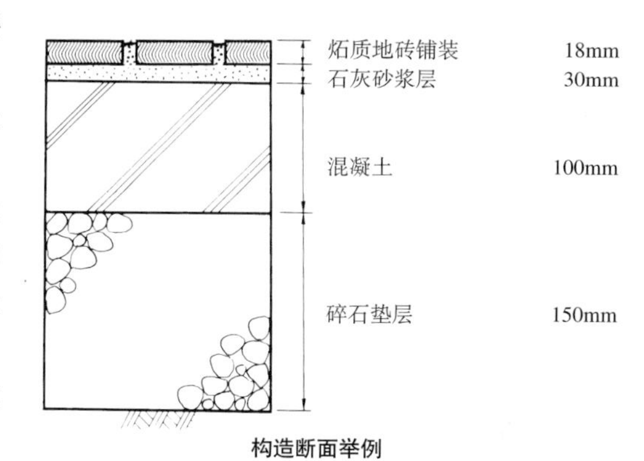

构造断面举例

东阳町交流休闲广场(江东区)

京王城市广场饭店(新宿区)

三井大楼 55 广场(新宿区)

风返步行桥　东中野公园入口(八王子市)

原宿拉 · 冯台努(涩谷区)

本厚木站北侧步行道(厚木市)
(接缝比地表低一点，采用联锁砖型铺装)

地砖铺装

施工法　地砖铺装与一般面砖的厚度相同，施工也与一般面砖相同。比砖要坚硬。

色　调　与砖的色调相同，有各种不同浓淡的颜色，同时也有丰富变化的色调组合。

质　感　与砖几乎相同的素朴烧制肌理，细微的面层变化十分自然。比机砖的接缝更平整。

耐久性　比机砖施工要容易，但要注意伸缩缝的施工要求。

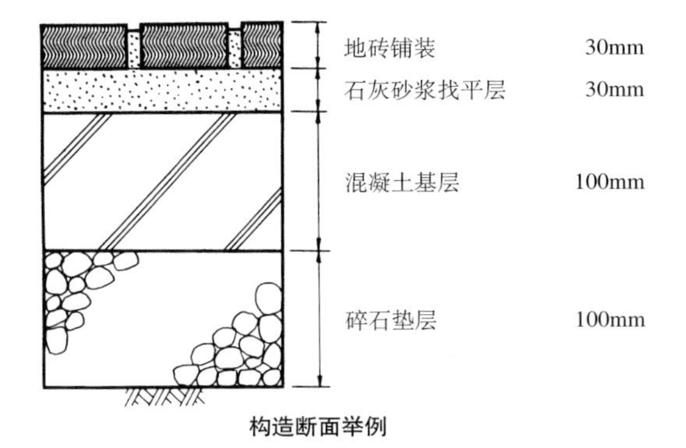

构造断面举例

横滨市马车道

八王子站北口波内露福大街(八王子)

麻生区文化中心(川崎市)

高松市中央公园

樟树广场(横滨市)

新宿中央大楼(新宿区)

冲绳海洋博览会纪念公园(本部町)

花街步行道(神户市)

岛屿港口北公园(神户市)

岛屿港口
购物中心前步行道(神户市)

瓦片砖铺装

施工法　用与淡路岛生产的淡路瓦相同的材料烧制而成的砖，工艺与炻质地砖铺装相同。形状及设计可以自由选定。

色　调　瓦的色彩及厚重感具有独特的色调。

质　感　瓦具有的柔软质感和细微的暗光泽，表面凹凸变化的纹样能够自由制作。另外，接缝的图案也可以自由变化。

耐久性　虽为有一定厚度的材料，但碰撞性较弱。

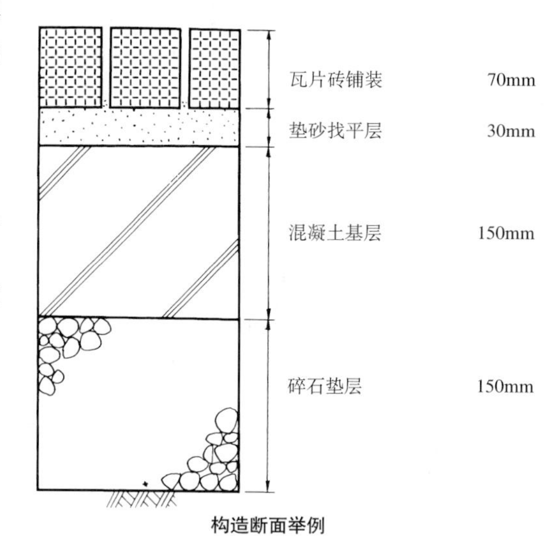

构造断面举例

用贺屋瓦砖大道(世田谷区)

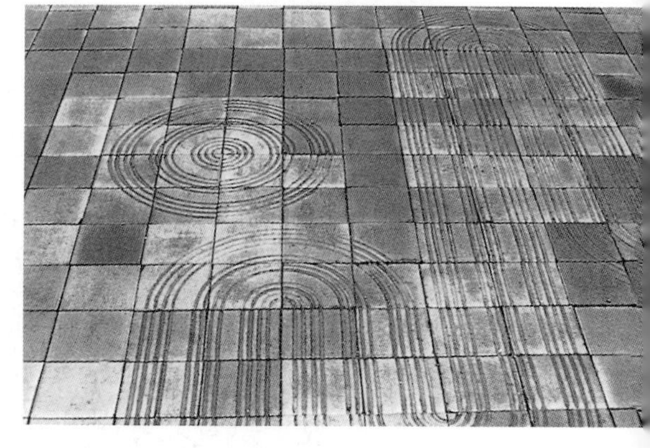

陶板铺装

施工法　在混凝土基层上用石灰砂浆粘接陶板的一种工艺法。因为膨胀或收缩的变化较大，需要设置伸缩缝。

色　调　具有烧制瓷器微妙的色彩变化，在铺装材料中也可以称得上有独特色调的陶板。

质　感　虽然表面较平滑，但是还能看到烧制的素朴肌理，色彩浓暗且厚重。

耐久性　因为是烧制物，耐冲击力差。

其他特征　越前烧等具有当地特色的陶板也被广泛地应用。

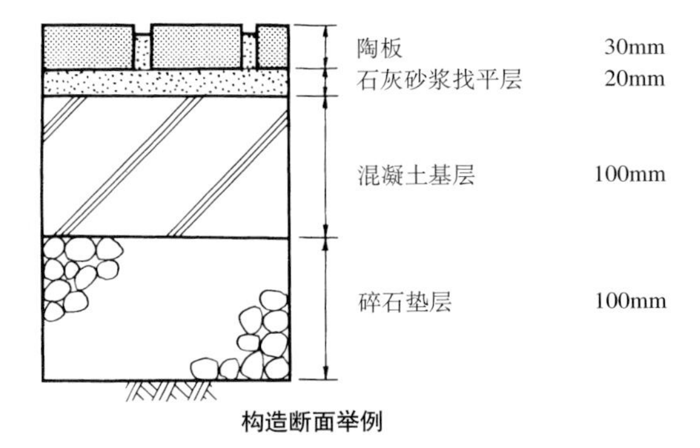

构造断面举例

博多站周边(福冈市)

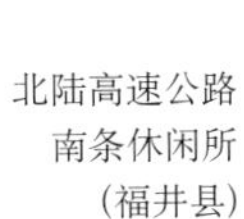
北陆高速公路
南条休闲所
(福井县)

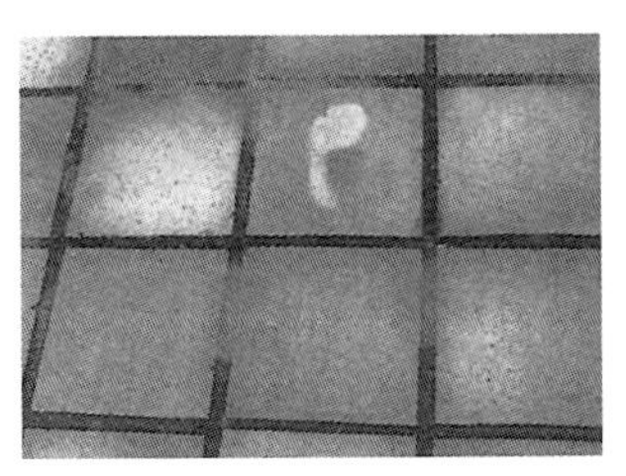

北陆高速公路
神田休闲所
(滋贺县)

高岛平住宅小区(板桥区)

川崎市麻生区区政府

神户市内

东游园地公园(神户市)

海老名市文化会馆

瓷质地砖铺装

施工法 以混凝土为基层，并且用石灰砂浆粘接瓷质地砖的一种铺装工艺。

色　调 瓷质地砖的色彩多种多样，可以进行自由配色。

质　感 瓷质地砖有光泽，表面有细微的变化，可选择的类型多，走起来有一种坚硬的感觉。

耐久性 耐久性较强，在交通量不是很大的地方也可以用作车行道。

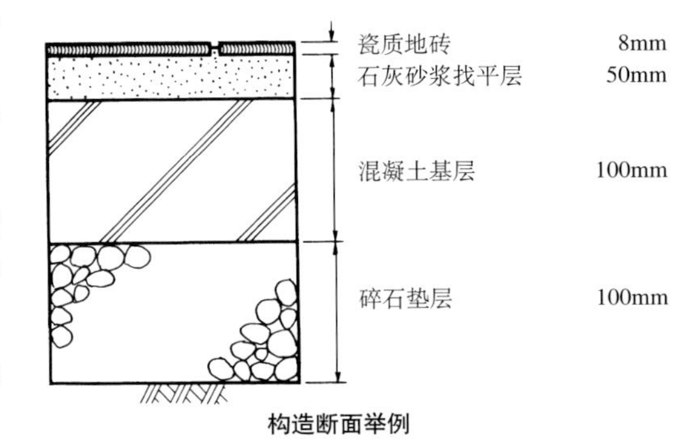

构造断面举例

鹤见站西口商业街(横滨市)

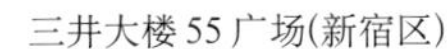

三井大楼 55 广场(新宿区)

迷考德摩尔 · 马赛克大街(新宿区)

高岛平八津川过街桥(板桥区)

新宿超高层大楼步行道(新宿区)

中央超艺术大饭店(新宿区)

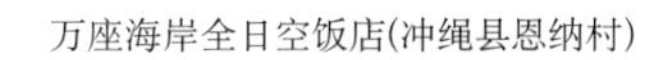

万座海岸全日空饭店(冲绳县恩纳村)

日比谷公园海鸥广场(千代田区)

饭田桥拉木拉(千代田区)

多摩卫星城广场(多摩市)

新百合之丘站前(川崎市)

阳光城(丰岛区)

仿石地砖铺装

施工法 仿石地砖是做成仿自然石材表面后烧制成的瓷质地砖的一种，在混凝土基层的基础上，用石灰砂浆粘接仿石地砖的一种施工法。

色　调 人造石面砖色彩多种多样，可以自由选择与配色。

质　感 与花岗石的肌理很相似，表面作成细微凹凸变化的面砖较多。走起来不易打滑，有坚硬之感。也有与粘板岩石板类似的面砖。

耐久性 耐久性较强，在交通量不大的地方可以用作车行道的铺装材料。

电影街迷斯 · 桑大街(川崎市)

伊势佐木大街(横滨市)

本州中国地区高速公路安佐休息所(广岛县)

卡莉阳桥(新宿区)

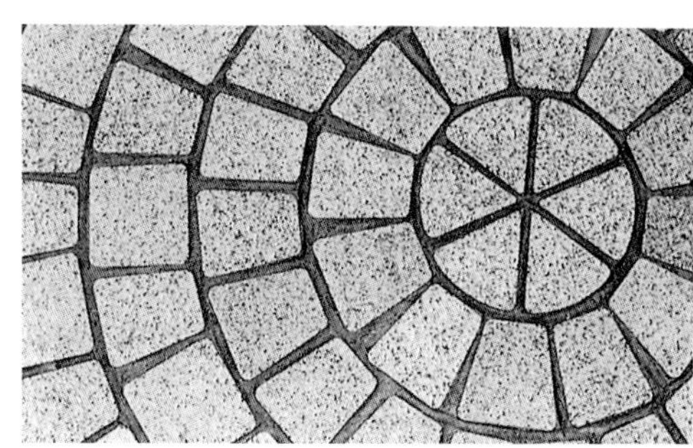

购物公园(八王子市)
(协助：日东建材工业株式会社)

片原町阿凯德(高松市)

北野町(神户市)

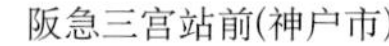

阪急三宫站前(神户市)

红谷巴露老德(平塚市)

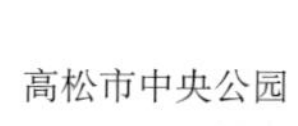

高松市中央公园

横滨港日本丸纪念艺术公园(横滨市)

多摩卫星城鹤牧东公园(多摩市)

多摩卫星城
奈良原宝野公园
(多摩市)

料石铺装

施工法 以混凝土为基层，用石灰砂浆粘接长方形、正方形等整形石板的铺装工艺。石板的材质多种多样。

色　调 根据石材可以选择各种色彩，同时也可以利用不同色调的石板进行配色的组合。

质　感 根据石板的材质与表面加工程度的不同，石板的质感可以从凹凸细微变化的表面到较为平滑的表面进行自由选择。走起来有一种坚硬感。

耐久性 耐久性较强，如果用厚 2～3cm 的石板的话，有时会发生部分剥落的现象。

其他特征 如果石板的厚度达到一定程度时，混凝土基层被省略的做法十分常见，旧时的铺装采用这种省略方法的情况较多。

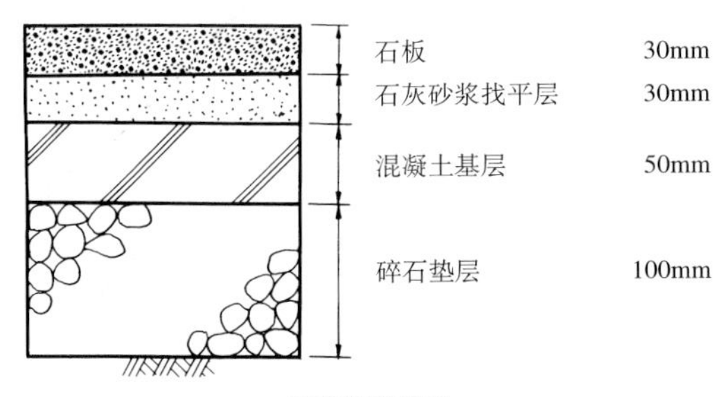

构造断面举例

原宿神宫桥(涩谷区)

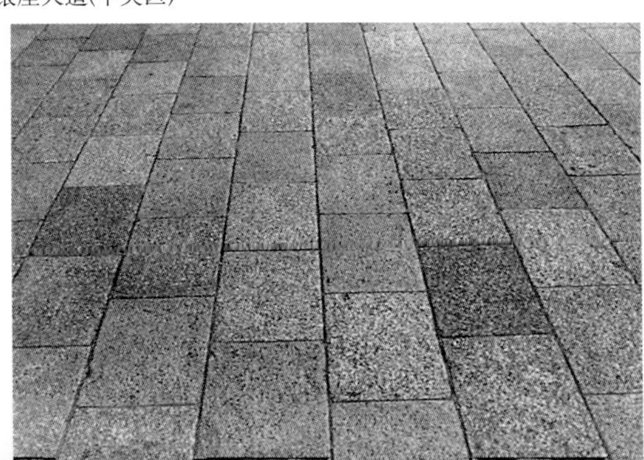

银座大道(中央区)

多摩卫星城(铁平石 · 小铺石调)

多摩卫星城绿道(多摩市)

志免町交流休闲公园(御影石 · 小铺石调)(福冈市)

驹泽奥林匹克公园(世田谷区)

巴黎市厅前广场(法国)

斯图加特(德国)

博洛尼亚市内广场(意大利)

植物园(澳大利亚,悉尼)

博洛尼亚市内(意大利)

斯图加特(德国)

圣彼得大教堂(梵蒂冈)

圣米歇尔大道广场(法国,巴黎)

博洛尼亚市内(意大利)

罗马市内(意大利)

圣马可广场(意大利,威尼斯)

仓敷市美观地区

驹泽奥林匹克公园(世田谷区)

岛屿港口南公园
(神户市)

花街(神户市)

东游园地公园东散步道(神户市)

不规则形石板铺装

施工法　以混凝土为基层，用石灰砂浆粘接不规整石板的铺装工艺。石板的材质多种多样。

色　调　比单一的石材有更多的选择余地。同时可以利用不同色调的石板进行配色组合。

质　感　根据石板的材质与表面加工程度的不同，石板的质感可以从凹凸细微变化的表面到较为平滑的表面进行自由选择。走起来有一种坚硬感。

耐久性　耐久性较强，如果用厚2～3cm的石板，有时会发生部分剥落的现象。

其他特征　如果石板的厚度达到一定程度，可以省略混凝土基层。日本原产的材料相对接缝处的工艺较细腻。

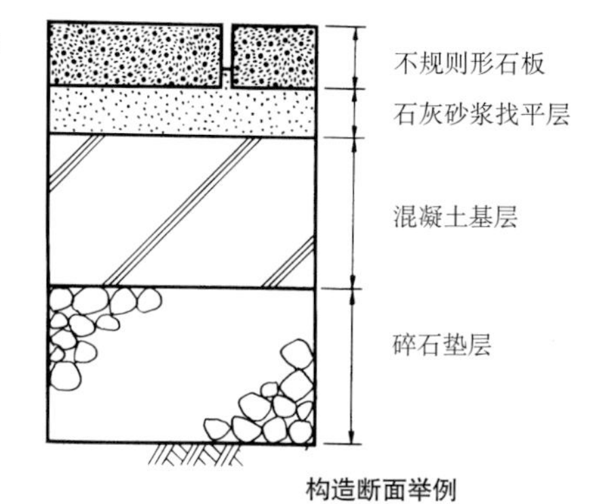

构造断面举例

千鸟之役阵亡者墓园(千代田区)

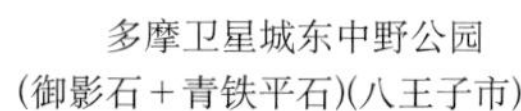

多摩卫星城东中野公园
(御影石＋青铁平石)(八王子市)

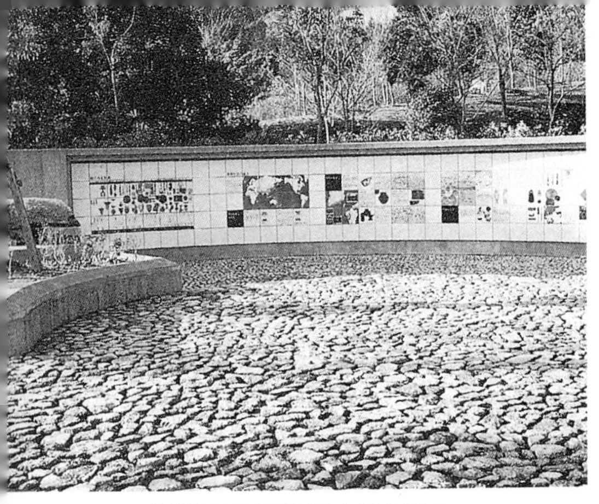

久保泉丸山遗迹展示广场(佐贺市)

九州横断高速公路 金立休息所(佐贺县)

冲绳战迹国立公园 摩文仁之丘(系满市)

昭和纪念公园(立川市)

千鸟之役绿道(千代田区)

多摩卫星城 东中野公园(八王子市)

相铁线相模野站内(海老名市)

东游园地公园(神户市)

西川绿道公园(冈山市)

福冈市立美术馆周边

格拉纳达市内(西班牙)

古罗马市场(意大利，罗马)

小块石铺装

施工法 以混凝土为基层，用石灰砂浆粘接小方石块或长方石块的铺装工艺。如果石材为花岗岩、砂岩等材料，也有不使用石灰砂浆找平层，而直接将石块自然连接排列进行铺设的施工法。

色　调 比单一的石材有更多的选择余地。同时可以利用不同色调的石板进行配色组合。

质　感 石材的表面通常呈细微凹凸变化，经长年使用后会逐渐被磨平滑。有时也使用被磨打加工的石材。

耐久性 原本是作为行车道的铺装材料，所以是一种坚固的铺装工艺。

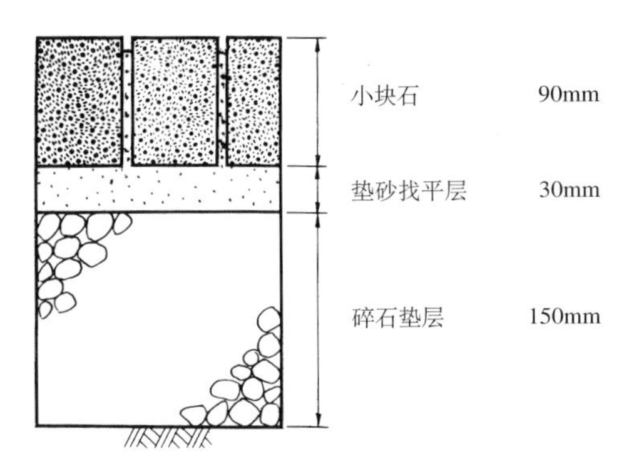

构造断面举例

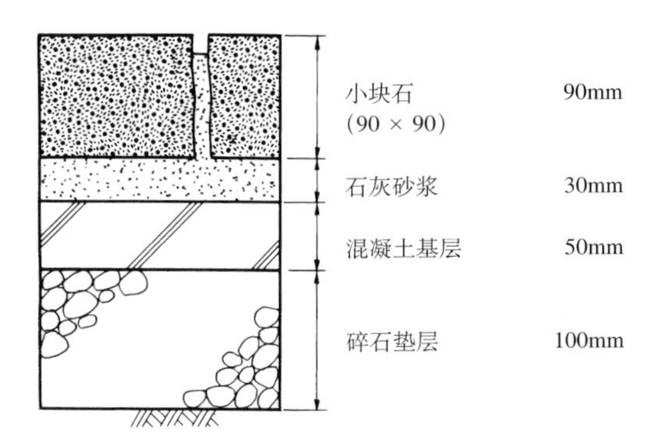

构造断面举例

北野町(神户市)

北野町异人馆街(神户市)

开港纪念广场(横滨市)

根岸线关内站前(横滨市)

外国人墓地(横滨市)

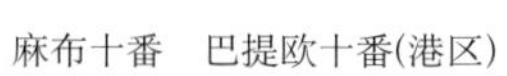

麻布十番　巴提欧十番(港区)

慕尼黑

日内瓦

坎庇多利奥广场(意大利)

登凯尔斯比尔

圣彼得广场
(梵蒂冈)

镶拼地面铺装

施工法　以混凝土为基层，用石灰砂浆粘接小方琢石、卵石、陶瓦片等组合成图案的施工法。

色　调　根据不同的材料，可以自由选择材料的色彩及配色。

质　感　根据材质与设计的图案，可以自由选择细微凹凸变化的做法，同时也可以选择平滑有光泽的石材铺装。

耐久性　作为步行道的铺装，可称之为耐久性强，但是也会出现部分石材因长时间使用而局部剥落的现象。

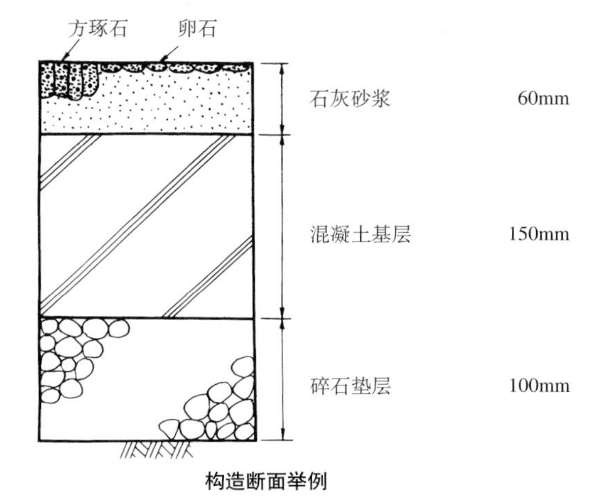

构造断面举例

沈阳园　’86札幌花博会场

罗马火车站附近(意大利，罗马)

中国庭园(铺装图案形似一颗古树)
(大石道义氏提供)

西班牙

埃斯特庄庭园(意大利，罗马郊外的蒂沃利)

带屋顶的步行街(米兰)

拼埋铺装

施工法　以混凝土为基层，在石灰砂浆或混凝土表面拼埋有一定间距铺装材料的施工法。

色　调　根据拼埋的材料，可以自由选择色调与配色。

质　感　小石子露出表面，无论是看上去还是走起来都有一种凹凸不平的感觉，充满着自然的氛围。

耐久性　与混凝土铺装类似，耐久性强，如果交通量不大的话，也可作为车行道。小石块等使用的材料较小时，容易引起发生局部剥落的现象。

其他特征　与混凝土铺装相同，需要设置伸缩缝。

石

石灰砂浆找平层　50mm

混凝土基层　50mm

碎石垫层　100mm

构造断面举例

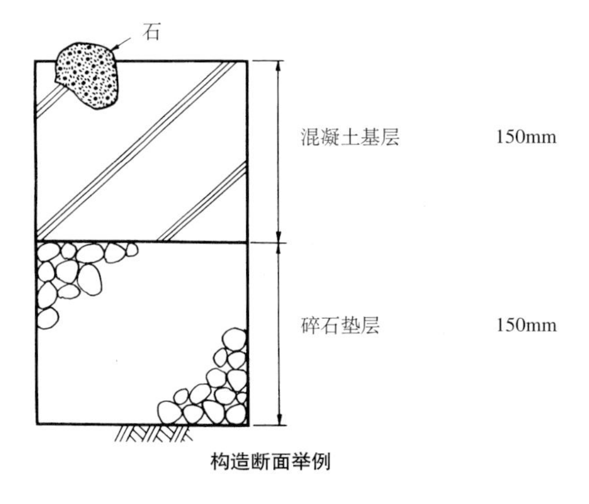

构造断面举例

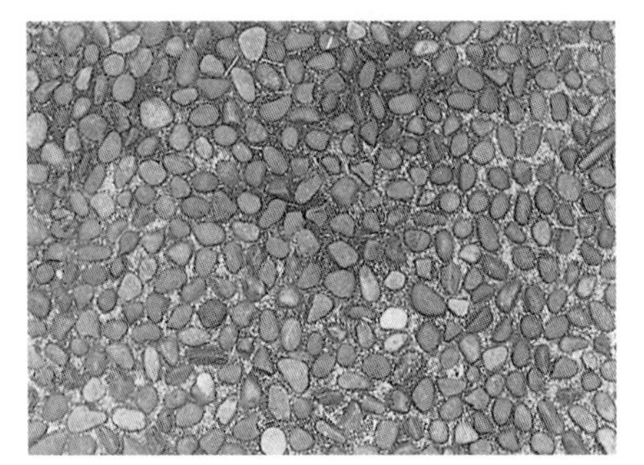

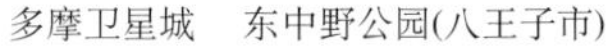
多摩卫星城　东中野公园(八王子市)

驹泽奥林匹克公园(世田谷区)

木砖铺装

施工法　在混凝土基层上利用石灰砂浆把经过处理后的木块粘结固定在一起，接缝处用沥青类材料进行填充的铺装工艺。最近为了使木砖更坚固稳定，常利用沥青类的粘结材代替传统的灰土或石灰砂浆。木砖的形状有四角方形和未经加工的圆木两种。

色　调　施工完成后颜色明亮，随时间渐渐变暗。也有给木砖上颜色的作法。

质　感　相对不易打滑。

耐久性　施工后经过一段时间，接缝处会发生伸缩变化，但这不会成为影响木砖铺装质量的原因。

其他特征　根据含水量的不同，膨胀伸缩变化明显，接缝间距以10mm为标准。

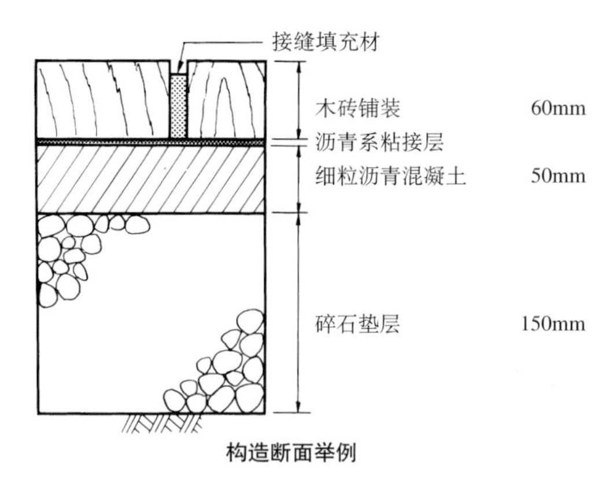

构造断面举例

东游园地公园(神户市)

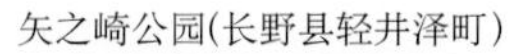

矢之崎公园(长野县轻井泽町)

二子玉川高架下儿童游园(世田谷区)

有马故乡公园(川崎市)

'85筑波科学万国博览会场

挂川站前商店街(挂川市)

樱丘区民中心(世田谷区)

仿石地砖铺装 ▶
横滨港 MM21 日本丸纪念艺术公园

◀ **仿石地砖铺装**
红谷巴路老德（平塚市）

▼ **仿石地砖铺装** 北野町异人馆街(神户市)

◀ **料石铺装**
东游园地东侧散步道(神户市)

▼ **料石铺装**
法国国铁蒙帕娜斯站前购物中心屋顶花园广场(法国，巴黎)

▼ **料石铺装**(左下圆形部分)
圣彼得教堂前广场(梵蒂冈)

小块石铺装(右上黑的部分)
伯尔尼尼设计(17 世纪)

福冈市立美术馆周边　**不规则形石板铺装**　▶

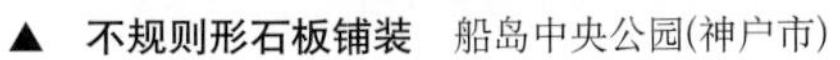

▲　**不规则形石板铺装**　船岛中央公园(神户市)

▼　**不规则形石板铺装**　相模线相模野站站前广场（海老名市）

▼　**不规则形石板铺装**　栃木县中央公园（宇都宫市）

◀ **小块石铺装** 北野町异人馆街（神户市）

小块石铺装 ▶
巴蒂欧十番(港区麻布十番)

◀ **小块石铺装**
神代植物公园(诚和株式会社提供)

▲ **镶拼地面** 西班牙田舍町

▲ **镶拼地面**
通向阿尔汗布拉宫殿的道路(西班牙，格拉纳达)

镶拼地面 ▶
带屋顶的步行街(意大利，米兰)
利用石板、玻璃板等精细设计的铺装

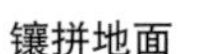

▼ **小块石铺装**(黑的部分)
圣彼得大教堂前广场(梵蒂冈) **料石铺装**(白线，大理石)

◀ **拼埋铺装**
船岛中央公园
(神户市)

木砖铺装 ▶
武藏丘陵森林公园(东松山市)

▼ **木砖铺装** 都立精神卫生中心(世田谷)

人工草坪铺装 ▶

'85 筑波科学万国博览会场做成富有弹性柔软的铺装，十分成功

◀ 嵌草预制砖铺装

入船公园(横滨市)

(关东老德马斯特株式会社提供)

▼ 嵌草预制砖铺装 飞岛历史公园(西谷陶业株式会社提供)

▲ **嵌草塑垫铺装** 综合休闲公园(江户川区)(林物产株式会社提供)

▼ **嵌草塑垫铺装** 新小岩公园(葛饰区)(林物产株式会社提供)

▼ **步石铺装** 筑波研究学园科学城

人工草坪铺装

施工法 指在基层上铺设人工草坪的一种铺装。有时采用与基层粘接的做法，同时也有不进行粘接或在透水性沥青上铺设人工草坪的透水性铺装等做法。

色　调 以绿色系材料为多。

质　感 比较不易打滑，能够感受到材质的柔软性。

耐久性 在交通量较多的地方容易引起损坏。

其他特征 一般多用在网球场等体育场所，道路或广场上使用的例子不是很多。但是因为走起来有一种柔软、舒适之感，期待着将来开发出耐久性更强的材料。

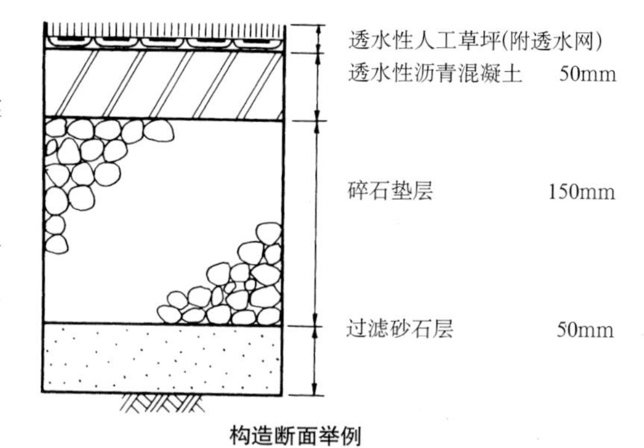

构造断面举例

’85 筑波科学万国博览会场

泉北卫星城
屋顶花园(堺市)

嵌草预制砖铺装

施工法 用有种植空隙的预制砖通过砂石垫层或干灰土粘接层铺设在路基上的一种铺装，在预制砖的空隙中放入砂质种植土，提供草坪生长的条件。空隙制作在预制砖成型制品上，并通过连续的排列使草坪成片。

色 调 预制砖的材料有水泥(白色系)，烧制砖(茶、灰色系)等种类。生长在嵌草预制砖中的绿叶可以很好地减轻太阳光或白色系材料的反光，如果与茶色或灰色系配在一起，会给人一种舒适、放松的感觉。

质 感 根据季节、生长状态或修剪程度等管理状况而发生变化，看上去有一种整齐而富有变化的感觉。走起来有一种与草坪相似的柔软感。但是，如果鞋底的长度及步幅与嵌草预制砖不吻合的话，走起来会不舒服。

耐久性 虽然这种预制砖铺装是按照透水性构造设计的，但是因为排水不良的原因，会影响其使用的耐久性。特别是施工工艺采用砂垫层时，因受力不均而引起排水不良导致铺装材料破裂损坏的情况时有发生。预制砖的损伤与踏压、干湿等原因有关，因此施工后特别应该注意保持良好的维护管理。

其他特征 夏季可以缓和硬质铺装的反射光。

香格里拉饭店前(新加坡)

星和园附近(新加坡)

嵌草塑垫铺装

施工法 在路基上铺10～30mm厚的山砂并压实，在其表面铺上连接好的厚60mm的嵌草塑垫层，最后再回填种植土，铺种草坪，并压实的一种工艺。如果是简单薄型制品，施工就较为容易，只需要把网格状的嵌草塑垫连起来铺在草坪上，经过一段使用后，靠行走时的压力即可使塑垫嵌入草坪内。

色　调 与草坪呈同样的绿色。

质　感 塑垫本身嵌入草地中，如果不是由于踏压把草叶面损坏的话，远看上去是天然的草地。抗踏压的塑垫本身是柔软的，看不出是铺装路，有时也可以当作轻运动的铺装面来使用。

耐久性 具有塑材本来的耐久性，又嵌入草地中，因太阳光（紫外线）的照射使制品老化的影响也相对减小，可当作半永久可移动的铺装材料进行再利用。

其他特征 与嵌草预制砖铺装相比，不会发生由预制砖本身的热辐射面使叶面烧伤的情况。

厚木利巴沙意德(厚木市)

户山公园(新宿区)(林物产株式会社提供)

驹泽奥林匹克公园　休闲水池周边(世田谷区)

步石铺装

施工法　本来是一种源自日本庭园施工的园路铺装方法，就是将一些至少能放下一只脚以上大小的、上部平整的天然石及其切割品，或者现在的混凝土二次制品，按人的步幅间隔放置。前述的各种砌块（以下称为踏步石）因其自身重量可以稳稳地放置在地上，但为了使其持久耐用，还需将放石块的小坑捣夯紧实，并铺上细砂和土。如果石块间隔较密又呈线状排列的时候，可在做成简单的混凝土基层的基础上用水泥砂浆固定，并可将此称为铺石地面。

色　调　天然石呈风化色，加工石一般是岩石本来的颜色，除此之外，用混凝土制成的彩色平板的颜色就多种多样了。

质　感　天然石呈现自然的质地，加工石呈现切割面、平坦的粗面及粗糙的凿石面。混凝土类铺装材料因打磨、水洗等各种不同的表面整饰工艺而有不同质地。

耐久性　自然石材中以花岗岩类、安山岩类等为好（类似大谷石的高吸水率石质不可使用），且其耐久性主要由石材的厚度决定。对于混凝土类砌块而言，其下置砂铺装，寒冷地带要考虑冻土突起的危害，如有必要可采用粒状路基。

其他特征　这里谈论的铺装，不仅是一种行人通道，由砌块图案化相连形成的小路展现在绿草坪上，会让你觉得非常优美自然。所以说，这种铺装最本质的特征是它的构景作用。

关越汽车公路赤城高原服务区
（石材砌块）　　　　（群马县）

相恋(挂川市)

理　论　编

第1章　总　　论

1.1 道路和广场的地面铺装

1.1.1　没有人行道和广场

据说，初来乍到的外国人、特别是欧洲人，常常会吃惊地感叹日本“没有为人提供人行道和广场”。

当然日本并不是没有人行道，但从欧洲人的理解来看，旨在保障机动车优先行驶的带有护栏的道路，虽然安全但也仅只是物理意义上供人行走的空间罢了。外国人有时也嘟囔说在我们日本走路有点费神，这又是在说我们的信号灯，认为行人为了等待和辨别红绿信号的变换有点劳神。所以他们认为日本没有为人行走考虑周到的人行道。

古罗马城市庞贝于公元79年因火山喷发而被埋没，在发掘其遗址时，人们不禁为那些深深刻入石板路的车辙印发出慨叹，眼前不由地浮现出那时的繁华——公元前5世纪就已开始高度发展的贸易和贵族富丽的别墅区。车道与人行道井然区分，就连“人行横道”也已出现。我们看到先人生活的同时，为他们的智慧深深折服。

在欧洲，不光是庞贝古城遗址，很多地方自古就有铺装的道路，那一张张石板记录着一代代居民的生活，仿佛一页页史书。

可以说对道路理想状态的理解在欧洲和日本有所不同，甚至可以认为日本的道路简单，但这也不是可以一概而论的，因为这有时又与缘自风土的感受和文化有关。

照片1.1　庞贝古城遗址的道路

在日本的德川幕府时代，以将军出行时的道路为代表，也曾有过修路的历史，我们从柳生街道、木曾街道那些朴素的石板中可以读到过去的历史和生活，从冲绳县那霸市首里金城町的石板路上可以联想起当时人们切割坚硬的珊瑚礁搬运、铺装到道路上的情景。

照片1.2 石板路（首里金城町，那霸市）

另外，与欧洲人热衷于铺路不同，日本人似乎更在意对自己脚上的鞋下功夫。晴天人们穿草鞋和薄底木屐，雨天走泥路时穿一种叫做“足驮”的厚底木屐，并把脚尖部分罩起来以防泥水。从这些方面我们可以看到日本人对付自然时的生活文化的细节。

未经铺装的土路还有一个优点，那就是它能让人们亲切地感受自然四季的不同，残雪下的土色、土香使我们知道春天正在走近，阳春三月雾霭蒸腾的土路，暑天白亮晃眼的土路，秋天晨露打湿的土路，冬日铺霜的土路……虽然有点不便出行，但它让我们从脚下泥土的色泽、气味、声音中感受到自然的存在和变幻，并由此产生了歌咏道路文化的诗词歌赋留，传至今。

广场也是如此，石造建筑和木造建筑从另一个侧面反映出了这个国度历史上是否有频繁的革命，革命广场、凯旋广场与仅为防火之用的广场小路的对比让我们明白这一道理。所以说，对于道路的铺装与否，我们很难说它们的高低上下，这里只有文化的区别。

经过文明开化的明治时代，尔后又经大正、昭和，日本进入了近代社会，但直至战后，即使是干线道路的铺装率也是很低的，人们因为尘土泥沙而苦恼，在那个汽车是稀罕物、自行车也身价不菲的时代，人们的不便可以想见，至今对那时的情景存有记忆的人恐怕也不少。日本度过战后复兴的艰苦岁月，终于成长为一个经济大国，其间以东京奥运会、大阪万国博览会、冲绳海洋博览会、筑波科学博览会及全国国民体育大会的举行为契机，日本进行了全国性的道路建设，迎来了以高速公路为代表的汽车普及时代。

可是，随着汽车的日益普及，道路的修筑和改进却愈发显得难以招架一天多似一天的汽车数量，由此生发出了一系列的社会问题，这也是当下社会的实际状态。

为了适应汽车时代的交通要求而开始的诸如在主要道路设置人行道的做法，无非是从汽车优先的想法出发，将人行道看作是一种确保汽车畅通无阻的安全地带罢了。最近，已开始铺设考虑汽车和行人共存关系的社区道路和绿道，我们期待能通过这些道路的铺设使用而促进社区的形成。但是，即使是从节假日限时地将车道改作“行人天堂”、“游戏道路”的情形来看，我们也就不难理解为什么说尚还没有供人行走的人行道和广场这句话了，实际上也确实如此。

1.1.2 道路的“用”与“景”

城市是由道路、建筑及公园等作为基

即使在银座，大街两侧也是如此。靠近建筑物的道路，不用划线，而用彩色铺装烘托气氛

照片1.3 步行者天堂（银座，东京）

照片1.4 机动车道也会变成游戏道路（龙泉寺，东京）

础形成的，在建筑上人们用“功能、结构、形态”，在土木工程上人们用“用、强、美”分别表现各种基本特征，造园上人们更多使用的是“用与景”这一说法。

日本庭园中将茶庭称为“露地”，露地本来是指通向茶室的通道（日语写作“路地”），并非庭院本身。后来，据佛教中的净土观念就写作为“露地”了。通道一直到达茶室那个蹭着出入的小门，是用步石形式或蜿蜒曲折的石阶铺成的一段园路。总结这种步石型通道的特色时，有“六分为用四分为景”或“六分造景四分为用”的说法。也就是说这条小路的铺石只有六分甚至四分是为了用作进出的路，余下的四分或六分功能完全是为着满足人们的审美需求的。更多的时候，这些步石仅被理解为一种摆放形式，认为“在毫无用处的地方即使为了造景也不该铺放这些石块”。还有，这些铺石是考虑人的步伐节奏铺装的，行人可以疾步，也可以徐游，学问真是很多。

不仅限于“露地”，日本庭园的“苑路”都是以土砂路为基础，其上铺砂石、石板、台阶、步石及桥等构成的，并能让你在景色优美的最佳观赏点停留下来，而在风景平淡的地方绝不让你驻足不前，在空间开阔的地方又能让你信步闲游。在故意提醒人们注意脚下谨慎行走的地方，支撑面的形状设计也是颇费一番心思的。这与音乐中快慢、强弱节奏的交替出现合成乐曲的道理也是相同的。

游赏池泉回游式的优美园林风光，你的脚步会被园路自然地导引，如同跟随一位向导穿过正在演奏交响乐的乐团，景色的奇特与平淡，步调的和缓与迅捷，这便是园林的美之所在。

从单纯考虑行走安全的道路转向全面考虑人的需求的道路和广场，当我们领会了“用与景”的深意后再讨论道路的铺装，一切也就不难解决了。

照片1.5 日本园林中园路的“用”与“景”

照片1.6 古旧的瓦片也可能成为上好的铺装材料

照片1.7 用绿带和流水充分体现道路的“用”与“景”的空间(坂出市)

1.1.3 现今的铺装课题

对于今后道路的规划建设，国家道路审议会1982年3月5日确定了一些基本方向，针对一直以来极端的功能本位作法，提出道路应该是亲切而充满情趣的空间、富于人性的空间，主张进一步充实安全而令行人愉悦的人行道，营造绿色道路空间。

具体而言，就是要在今后的道路规划建设中对景观美和空间的充裕给予更多的关注，特别是对那些能够代表一个城市的风貌的主要街道和历史古街的规划建设，更应强调富于个性、亲切、愉悦的环境特征，并使之成为城市的象征。主要道路都要有人行道，提高道路空间的景观美感水平，积极推进诸如以保护道路沿线生活环境为目的的林带等在内的道路绿化建设。

这一提案是要把建设道路空间的理念从以汽车为本位重新回归到以人为本位上来，将一直以来形成的平面性道路概念向

照片1.8 巧妙地将水景纳入空间的步道(西班牙)

综合考虑美观、空间充裕等方面扩展，甚至还要考虑道路沿线地区生活环境的保护，这些都是适应现代社会需求的必然结果。

人们期待着充满个性，亲切而令人愉快的道路空间，那就必然要探讨作为道路空间构成要素之基础的路面铺装如何适应时代发展的问题。首先，就让我们来谈一谈这个“个性，亲切和愉悦”吧。

(1) 个　　性

我们强调充满个性、亲切和令人愉悦的道路空间，但城市毫无个性特点而言却又是今日日本的现状。每一个城市都应有其独特的容颜和味道，如以旧时诸侯的居城为中心发展起来的城邑，以驿站为基础展开的城镇，纺织街镇，铁器五金街镇、陶器街镇，铁路车站街镇等等都有其各自的风格和特色。但今天，这些从前曾经很有“个性”的街区、城镇都在一天天发生着变化。

有人说今天的东京和大阪已没有大的差别，钢筋混凝土的冰冷环境，比赛似地争相冒出的高楼大厦，拥挤在车流中的人流，阴沉沉的灰暗天空……(藤山宽美《役者のたわごと》，载1984年9月号《妇人

画报》)。其实何止是东京和大阪已无差别，这已是一个全国性的现象。

可称做城市大门的新干线车站，高速公路的出入口，都千篇一律得如同出自一人之手，从地方城市的站前广场看到的街景丝毫不能帮助你判断现在你正身处何地，除了京都、奈良、镰仓等根据古都保存法予以高度保护的城市以外，基于土地高度利用原则的城市再开发，已经让城市的地方性、传统性、历史性丧失殆尽，我们只能拥有一个个完全功能化的“现代城市空间”了。

煞有介事的城市理论已经不少，但对今天的日本而言，如何创造富有个性、生动感人的和以人为本的城市，才是城市建设事业的最大问题。

充满个性的城市，应是珍惜历史、灵活运用地方性和地方文化创造出来的。时代的推移必然导致城市风貌的改变，但我们一定要避免前进中蔑视历史的做法。充满个性魅力的城市都是建筑在历史和文化的地基之上的。

现代城市空间是以建筑物、道路和公园为基础构成的，个性化的城市构造是由这些构成基础综合起来共同营造的。所以，道路不光是一种供车马行人往来的场所，还可以说是支持城市政治、经济、文化交流的“城市动脉”。作为城市基础的道路，在这个日益物质化、机械化，失去人性色彩的现代社会，追求令人感到亲切、愉悦的空间效果，表明它担负了创造出现代都市空间的重任。

今天的都市空间可以说是由绿色植物、石材、混凝土、沥青、砖瓦、瓷砖等众多种类的材料覆盖而成的“铺装都市”。换句话说，根据铺装来表达空间，或者是根据铺装塑造街区的体格、颜面。

翻来覆去地说了一大堆，总而言之，充满个性魅力的都市是建立在文化和历史基础上的，不能忽视的是，与城市整体协调的路面铺装。

(2) 亲切与情趣

前面提到，道路审议会的提案针对一直以来的功能本位，将亲切与令人愉悦、富于人性色彩作为构造道路空间的目标。在内阁官房广报室进行的题为《充满魅力的城市空间构建与居民参与》的舆论调查中（1984年6月），居民把“建设令人愉悦的道路、公园等公共设施”作为在地域美化事业中期待国家、地方给予关注的第一位（36.5%），从这次舆论调查中我们也可以看出人们对愉快的城市空间的期待。

“感受亲切”、“充满人性的道路”等说法，我们是能理解的，但具体的“亲切而令人愉悦、充满人性”的道路又是什么呢？

让我们感受到亲切、愉悦和人性的道路是由构成道路空间的诸要素共同作用而获得的，亲切、愉悦和人性都是以人为本的追求，在毫无人性的功能本位的空间绝无产生它们的可能。

日本的道路在近代都市道路铺装方面的历史并不深厚，如果说人行道方面到现在才刚刚起步也毫不过分。因此，有关以人为本的道路和广场的铺装这一课题也有太大的探讨空间，它包含着许多不能单纯地用物理方法解决的内容。

(3) 舒适的人行道铺装

所谓的个性、亲切、令人愉悦的道路，是指它给行走其上的人提供了心理的和物理的舒适感，基于如此认识，我在这里想对舒适步行空间的构成基础——路面材料及其铺装谈点看法。

① 方便行走，也就是不易疲劳　对于步行者而言，方便行走和不易疲劳是使用舒适性当中最重要的一项，对此，路面的好坏与否具有极大影响性。

② 脚下不滑，不易摔绊　这一点也是与便于使用相关联的。步行路面铺装材料的选定以及在施工上，都要将能够安全行走这一功能作为重点。

③ 弹性　步行者脚下的触感，接触路面时的弹性，与是否方便使用、不易疲劳直接相关，是步行道功能性的一个重点和关键。

④ 赏心悦目　步行者视觉上的适意性也是一个重要的要求，因路面的质感、色彩、形状等生发出的赏心悦目让行走变得轻松、愉快，这一点与其他因素相结合形成的创意性也是一个重要的课题。

⑤ 体感性　由于路面反射阳光等微气候因素可能引起行人体感的变化，这也是关系道路舒适性的重要方面，这不光涉及路面材料的材质，而且是今后在处理步行道空间构成要素复合化时的关键问题。

以上所讲的是步行道的路面材料，其铺装也可以说与车行道铺装一样，功能性特点影响使用的舒适性。即车行道铺装考虑汽车使用方面的功能要求，步行道铺装当然就是考虑人对道路的功能要求。在考虑行人使用功能时，人们不自觉地就想到铺装材料、施工时铺装构造的物理性质等方面上去，但不应忽略的是个性、亲切和令人愉悦等心理方面的特点是由构成步行道空间的诸要素共同作用表达出来，如路面铺装材料的美观、环境艺术效果的优美等，也就是说重要的是如何处理道路的“用”与“景”的关系。

有关令步行者感觉舒适的路面材料的铺装条件已列举了一些，这其中弹性、体感性与步行道路使用功能有很大的关系，是今后进行研究的重要领域。

(4) 地区特性与步行者行为模式

在前面说到的道路审议会的提案中，提出了主要道路都设置人行道的主张，其实不光是主要道路，上下学的路等与生活

照片 1.9　商业街（有乐町，东京都）

紧密相关的道路更有设置人行道的必要。在设置人行道时考虑当地的地区特性来构造道路空间是尤其重要的，当然，研究表达人行道空间表情的手段——铺装也是必不可少的。

我们把地区特性首先进行一些分类：

① 代表城市的主干道
② 行政、商业街
③ 电影院、娱乐、饮食店等构成的繁华街
④ 购物街
⑤ 医院、学校等文教区
⑥ 住宅区，中高层住宅小区
⑦ 工厂区
⑧ 公园及其相邻地区
⑨ 河川沿岸
⑩ 田园地区

即使是繁华街、餐饮街和购物街的气氛也是大不一样的，但二者兼而有之的街

照片 1.10 餐饮街的道路与广场（新宿歌舞伎町，东京都），可以看到充分考虑了街道白天与夜晚的不同“表情”后所进行的铺装。

照片 1.11 购物街 （伊势崎町，横滨市）

区也不少。被称为购物公园等的购物街在各地都能见到。另外，有拱顶的商业街也不少，这些拱顶下的步行路面材料多给人以建筑物地板的延伸感。

步行者的行为模式试举例如下：

① 上班、上学等：从 A 点行至 B 点。
② 购物、逛街
③ 闲逛
④ 单独一人步行
⑤ 二人或二人以上边走边说话

⑥ 带着孩子步行

⑦ 推着童车、购物车步行

⑧ 其他，如等公共汽车、与人约会、散步等。

通学路这一叫法，多数是指在车行道

照片 1.12 孩子们戴着头盔走在上学的路上（大宫市）

照片 1.13 社区道路（新宿，东京都）。从照片上看，我们也不难发现还存在许多需要解决的问题。

照片 1.14 橱窗也是构成步行道空间的重要因素，铺装要与橱窗形式协调一致（银座，东京都）

两侧用边石或画线区分出来的部分，与生活紧密相关的社区道路近来正被大力建设，孩子的通学路应当考虑到安全和他们情操的陶冶。

人们爱在街上溜达着看商店橱窗，近来许多高级店铺也愈加重视自己的橱窗设计，而且有的街区也开始将橱窗作为步行道空间的重要构成要素来看待。

如上所述，地区特性和步行者行为模式是多种多样的，重要的是在选择路面铺装时，如何考虑这些地区特性、步行者行为模式及它们之间复杂的组合关系。

重视象征性，营造出鲜明的地区特性，与此同时，使构成步行道空间的全部要素有机地结合在一起，凭借通过步行道及沿路景观的变化给行人以节奏感的路面的材质、质感、色彩、形态等共同作用，使步行道空间网络化。这也是今后的重要研究题目。

(5) 广场

在日本，一提起广场人们只能想到皇宫前的广场、站前广场、停车广场，真正为人修建的广场十分少见，人与广场的相互关系也难以列举一二。日本没有欧洲那样的公共广场——市民聚集于此，既是发表政治见解和演说的场所，也是人们欢度节庆日的场所，也可以是露天市场。总之，它是让大家能够聚在一起、可进行多种活动的空间。随着近年都市再开发活动的开展，广场也开始在日本的都市空间中逐渐出现，但更多的是建筑物前庭广场，仍然缺少在欧洲城市中常见的历史性广场那样的具有高度象征性的作品。铺装和雕塑、喷泉同样是构成广场的要素基础。

照片1.15　饭店前的园路、大街两侧的步行道共同组成了一个完整的步行空间，对于都市再开发，我们期待着这样的变化（新宿副都心，东京都）

照片1.16　因都市再开发而出现的广场（新宿副都心，东京都）

受今日日本城市空间用地条件的约束，要想拥有更多城市广场是不太现实的想法，但将注意力关注在道路空间的余裕地之上，在宽阔的步行道上放置一些坐椅、喷水、花坛、雕塑等，使步行道呈显广场效果已是各地大街公园的普遍风景。

札幌大街公园的雪之节是全国有名的，它也是这座北国之城中真正考虑为人们提供多目的利用的广场。

横滨的大街公园是石质广场，以水添景构成，植物、绿地发挥着重大的作用。

照片1.17　广场（樟树广场，横滨市）

照片1.18　大街公园（横滨市）

照片1.19　步行者专用道路（北四条，札幌市）

札幌北四条街的中央分离带，作为行人专用道路设置有自行车道和步行道空间，在功能上完全发挥着广场的作用。

我们特别希望把大街公园型广场的构思向住宅地推广。比如在以前，小巷子里孩子们游玩戏耍的地方，他们在胡同深处玩跳绳、跳房子、拍洋画等游戏，追逐喧闹，他们在这里吵嘴、打架又重归于好。这里也是他们沟通交流的地方，他们在这里学到了许多学校里不曾教过的东西。滨野安广（滨野商品研究所所长）先生在与建筑学家宫脇檀先生进行的题为“重新认识儿童房间的一些看法”的座谈（《家庭画报》，1986年4月号）中说到：“我出生在过去的京都，在我的儿童时代，京都还没有什么铺装，汽车也很少，道路也是我们嬉戏的场所。今天，我们非常认真地讨论儿童房间的问题，其实这里暗含着另外的话题——户外的问题，也就是孩子们一出家门便要面对一个孕含危险的世界。因此，在没有办法的情况下，把孩子们栓在电视机上，关在屋子里，而不去考虑孩子们户外的世界。我儿童时代京都的土路就是儿童房间，就是我们的起居室”。诚然，今天会成为一个“到外面去会很危险的时代”是非常令人遗憾的。

“东京的美藏在那些深街小巷的后面”，《朝日新闻》的天声人语这样说到：“走在大街上，喧闹的噪声让你无法听到自己双脚的声音，在忍受着不能意识到自身存在的心情中，走路成了必须应付的一种苦差事。但进入那些小巷、胡同以后，你可以听见自己的脚步声此起彼落，那意境令人回味无限。足音入耳，心境自然也就放松，脚步也就会轻快起来。所谓‘散步’，并非双脚机械地交互前行，而是‘用心走路’，而最适于‘用心走路’的地方是那些幽深的小巷、狭窄的胡同”（《朝日新闻》，天声人语，1986年10月11日）。

今日的东京还留存着许多的小巷和胡同，只有它们才是传统日本式的道路风景，因此，如何在现代化城市中以适当的形式保留传统的东西，也是我们今天需要考虑的问题。

谈到日本的道路风景还要说的就是寺庙和神社的“参道”，在有庙会的日子里，摊贩的到来会使这里变得异常热闹，孩子们在这里可以尽情地玩耍，守在旁边的老人们也不必担心孩子们会有什么不安全，这其实也是一种广场。

照片1.20　小巷（谷中，龙泉寺，东京都）

照片1.21　在小巷中玩耍的孩子（下谷，龙泉寺，根岸，东京都）

照片1.22　参道（冰川神社，大宫市）

(6)　其　　他

以上列举了步行道路和广场的一些现实课题，除此之外还有许多其他方面的问题，这里不妨再列一二：

① 趋同性　　与车行道铺装不同，步行道的铺装材料比较多的是使用工厂生产的二次制品，因这些二次制品是在严格

的质量管理标准下生产出来的，虽有可以批量生产的品质、形状、尺寸一致的同一产品的好处，但它不好的地方就是会造成太多如同新干线车站那样在全国各地都同一面孔的趋同的铺装。这种趋同性使铺装不再有个性可言，如何组合铺装材料也是今后的课题之一。

② 流行性　在铺装材料上我们也可以看到反映时代流行趋势的情形。正如同为了追赶时尚满大街的人都穿同一款流行服装会使每个人变得毫无个性一样，铺装也存在这样的问题。最近对建筑有种说法，那就是室内装饰五年，设备十年，建筑永远，我想步行道空间的铺装就与室内装饰差不多，不管铺装材料的耐用年数为多大，以5～10年为一期间进行更新，用新的材质感、色彩和形状代替旧的步行道“表情”，我想已经是到了这样的时代。与此对应，使追求新的铺装材料成为可能。同一种类工业铺装材料的胡乱使用会导致街区“表情”的混乱，特别是现在的都市空间已被称为是色彩的洪水，色彩是评价城市美的重要指标。在考虑铺装流行性的时候，色彩是一个关键点。

③ 记录历史　与流行性相反，日本的铺装历史还只是刚刚开始，所以我们也要追求那种欧洲城市铺装般的厚重的历史感，一片片石板，一代代人们的记忆，我们想要的是那种可以成为我们的历史文化遗产的铺装。

④ 如同土地一样的触感　对于公园园路等的铺装，我们期待着开发出更多充满人性色彩的新材料。在都市空间被说成是以何种铺装形成的空间的今天，公园路面等更应开发、使用具有土地触感和感受泥土气息，与“用心走路”的气氛和谐的新的铺装材料。

照片 1.23　在公园散步时，比起混凝土块的触感，人们会更喜欢土地，因而触感近似土地的铺装是十分理想的（大宫公园，大宫市）

照片 1.24　与白墙、水道和谐辉映的步行道与铺装（仓敷市）

照片 1.25 步行道虽然狭窄，但因可以展望周围环境，也是对狭窄的一种补救
（外国人墓地，横滨市）

照片 1.26 散步探寻历史与文化，这路标虽然很漂亮，我们更期待步行道实现网络化
（台东区，东京都）

⑤ 透水性 最近透水性铺装材料开发的步伐很快，并被大量用于步行道铺装上。在今天的铺装都市中，开采地下水已受到限制，而且如何使雨水能够渗到地下，确保水资源量已是十分紧迫的课题。因此，最好的材料应既不让人行道积水，又让剩余的水分能够尽量浸入地面以下。但是，我们也能看见不用透水性铺装材料，而在路缘石处做排水构造的情况，所以说以往的雨水排水构造有许多可讨论的地方。考虑让植物树带发挥更大作用，不光是铺装材料的问题，即使是车行道的铺装也是今后研究的重要课题。

⑥ 无障碍 为老人及残障者设专用步行道或用划线标出他们的使用区，为盲人设置导盲标志，以使残疾人与老年人步行或使用轮椅时更加方便，这是我们的期望。最理想的并不是设置专用线，而是可以安全、快适地使用的宽阔步行道。

⑦ 耐气候变化性 在工厂批量生产的二次制品铺装材料还有一个问题，那就是这些产品如果铺在寒冷地区会因冻害而出现剥离等破损，我们期待那种不只是在某一标准条件下使用的耐季节变化的产品。

与气候风土一致的建筑是构成日本景

照片 1.27 对盲人使用者非常安全的步行道（冈山市）

观的重要因素，同样，我们也应探讨与气候风土相谐调的步行路面铺装用的材料才对。

⑧ 管理，运营 走在铺装优美的步行道上时，行人的心情也会愉悦、快乐，因此，如何对路面进行管理也是有必要探讨的问题。对于散落在路上的烟蒂、口香糖、废纸等，我们一方面期望行人道德水准的提高，另一方面美化和管理也是必要的。作为路面铺装材还要有易于施工、便于修补等特点才好。

以上又列举了8条需加以思考的问题，正如我在前面提到的那样，步行道路的铺装在日本还是刚刚开始，它是营造街道“表情”最重要的因素。如同我们在欧洲城市中见到的浓缩历史铺装一样，市民们需要的是与他们每天的生活和梦想紧密相联的步行道空间的网络化，期待的是以人为本的街道的出现。

1.2 铺装的历史

供人使用的外部空间的铺装是说的诸如街路的人行道、散步道、城市广场、公园吧，除此之外，我们还要考虑的另一个外部空间的铺装问题就是汽车道了。

欧美的道路，从很早以前就是步行者、手拿肩担的挑夫乃至于人或牲畜牵引的车辆彼此混杂一处的。铺装的道路比起没有铺装的来，无论是拉车的人或家畜及乘车的人都会感到不易疲劳，可以说，铺装与路上通行者的疲劳度之间有极大的相关性。

对于汽车来讲也同样，铺装与否，乘客的感受是极不相同的，这种差别更不是人行道铺装与否的差别可以相提并论的。铺装好的人行道，行人不易跌滑，铺装是为了“安全”“易行”，车道的铺装也是为了安全。可以说，即使在现在这个汽车时代，铺装的目的也是毫无改变的。

但话又说回来，仅仅是“安全”、“易行”的铺装还远不能被认为是“以人为本”的铺装，若真要实现以人为本，还需要再加上一条 ——“行走充满乐趣”！

在铺装的发祥地欧洲是个什么样子呢？为了探寻答案我们走访了好多地方。

1.2.1 铺装的起源

人类与其他动物的最大不同之一就是人是以双足直立行走的，虽然这在一定程度上限制了人类行动的敏捷与安稳程度，但可以手拿肩挑地搬运物体却是四足动物永远无法赶得上的优点。

人类结束了狩猎、采集的艰难生活一定居下来，就出现了方便人的行走的道路及作为人们休息、放松及游憩场所的广场。可以认为在他们居住的洞穴，用树枝、獴犸象的骨骼、牙齿搭建的小棚与水源地河流、泉水之间，与他们可以采集到果实的森林之间，与他们可以容易地获得蛋白质食物的草原之间，与他们的菜地、庄稼地之间，与放养牲畜的牧场之间，也就是在他们一日里必须来回行走多次的场所之间出现了最早的路，人们无意间自然地踩踏出了道路。

人的双脚踩倒了地上的绿草，成为人们行走通道的地表，随着绿草的枯萎、死去，表土露出了。人的双足踩踏着表土，使之紧实、坚硬，这样人的双脚不会再陷入疏松的土地里，不会再有被植物缠绊的危险，变得容易行走甚至可以搬运重物。这样的道路是人们将便于行走的空间地表连缀起来的产物，它避开令人难行的岩体、石块，或者搬开这些岩体、石块，使路面便于使用。

可以说这种因人的踩踏变得紧实坚固的路面，在使用的时候具有类似于今天铺装路面的效果。也可以说是对步行的便利和安全的追求产生了铺装。

在距西班牙首都160公里远的地方有一个叫作安布罗纳的山谷，这里有原始人类生活的遗迹，美国考古学家F.C.豪埃尔的发掘工作揭开了一些当时人类的状况。

今天的这个山谷是大片大片肥沃的麦田，但在30万年前的远古时代都曾是沼泽和湿地，是原始人类绝好的狩猎场。当时的狩猎场是，人们用火驱赶大象，人们齐声大喊把象群追入湿地沼泽，庞然大物的大象深陷泥沼，丝毫也动弹不得。人们杀死大象并肢解它，将象肉运出沼泽。

图1.1 铺装的化石

豪埃尔在这里发掘出了4根并列一处的大象腿骨化石。他对当时的人们为什么要把这些象骨摆为一列这个问题百思不得其解，最后下了这样的结论：

肢解、剖离的象肉是一定要搬出沼泽地的，搬运者由于要不断地将两脚从泥沼中拔出，本能地认识到了在这里行走的艰难。为了更便于搬运、行走，他们创造性地将宽大而长的大象的腿骨并排放在湿地沼泽中，踩在象腿骨上就可以比较轻松地从沼泽中往外运象肉了。

确实如此，即使是空手走路，在湿地、沼泽中也是一件艰难的事情，更何况要搬运那么重的象肉呢？比起费尽气力在泥沼中前行，踩在象骨上的行走就显得其乐无穷了。

所以我就想，这些排放在沼泽地中的象骨，难道不是为了使人们搬运猎获肉食的工作更加充满乐趣的道路铺装的化石吗？

铺装不仅限于道路，在人们的公共空间——广场也可以看到。他们猎获的象肉要在什么地方分配给所有成员？也许是在沼泽地外面的草丛中，也许是要搬到他们居住的地方，也许是他们曾经周密计划猎象行动全过程的那个地方。这个地方如果离他们的居住地点很近，是他们进行食物分配的场所，是他们共同开会协商的场所，也就是他们的公共的广场，这个广场可能也会因季节和气候的变化成为茂盛的草丛，或者早已经因他们的踩踏成为了一个紧实，坚固的自然铺装的空间，如同他们踩踏出了道路一般，也踩踏出了自然铺装的广场。

1.2.2 “琥珀之路”的铺装

道路可以因人的步行被自然而然地踩踏出来，也可以因人的特殊需要被建造出来。堪称纵贯欧洲最早的道路的“琥珀之路”因H·修莱巴的名著《道路文化史》而广为人知。

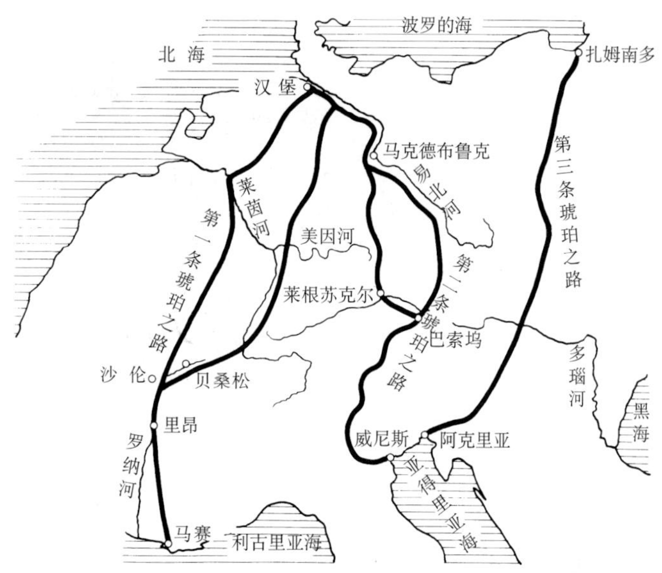

图 1.2 琥珀之路

琥珀是树脂的化石，琥珀之路建成的公元前1900～前300年这1500年间，北海岸边的德国、丹麦、波罗的海边的立陶宛是琥珀的主要产地。

当时琥珀是非常贵重的东西，据说一个在德国西部加工成的琥珀人形玩偶可以换得一名健硕的奴隶。

如图所示，由于考古学家的研究，琥珀之路的系统已经相当明了。无论哪一条琥珀之路，它都是沿欧洲的主要河流延伸的，如罗纳河、莱茵河、多瑙河、易北河等。

第一条道路是从法国地中海沿岸城市马赛开始，几乎纵断法国东部向德国的汉堡延伸，它在罗纳河岸边城市沙伦又分出一条分支，两条路线平行到达汉堡。第二条琥珀之路从意大利的威尼斯开始，穿越阿尔卑斯山，横渡多瑙河，沿易北河到达汉堡。这条路渡过多瑙河的地点是在巴索坞附近和莱根苏克尔附近的两个地方。在巴索坞一分为二，又在马克德布鲁克汇合，直达汉堡。

第三条道路是从亚得里亚海边的阿克里亚开始到达波罗的海边的扎姆南多。

第四条道路是连接黑海和波罗的海的通道，但目前还没有研究到可以在地图上标明的程度。

在这四条“琥珀之路”上，发掘出了三处虽然长度很短但极其宝贵的古代铺装道路。其中被认为年代最久远的是第三条道路（阿克里亚——扎姆南多间）上的铺装。在波兰北部，靠近前苏联国境的地方，距离波罗的海很近的叫做埃尔宾的城市近郊，人们发掘出了一段铺装路，最初这些铺装路可能还会长些，但发掘出的长度只有1200m。这里过去可能是湿地环境，人们把四层槲树板交互重叠铺在泥水表面或水面上，建造成了方便行走其上的道路。从这段铺装路面附近发现的似乎是陶器的碎片来看，可能是公元前5世纪罗马时代以前的铺装。

其他两处铺装路面是在第三条琥珀之

其他两处铺装路面是在第三条琥珀之路上欧洲阿尔卑斯山东部以崖陡、弯急、难于逾越著称的蒂罗尔山中。这部分虽只有10m左右长度，但却是以1m的车幅为宽度、掘地14cm铺装的轨道，当然，它的年代也被认为是罗马以前。

从发现的这种轨道式石材铺装来看，我们也不难推测当时可能有为方便行人利用的石材铺装。

在被认为是第三条“琥珀之路”延长线上的一个地方，在地下1m深处，人们发掘出了一些用原木铺装的道路遗迹，虽然它的宽幅、长度不甚明了，但的确曾是行人、运货的马匹、驴或者车辆利用过的道路。我们可以想象当时的行人在走过漫长的旅途后初见铺装路面时的惊喜心情。

15年前，笔者曾经驱车从美国西海岸的洛杉矶北上直达加拿大与阿拉斯加接壤的阿路干海威，当时这段道还没有进行铺装，完全是原始的土路。在道路上行驶的汽车为了避免被对面开来的车弹起的石子打击，都在前面挡风玻璃上安有金属网。若是雨天，对面开来的大型卡车溅起的泥水一下子会把你的挡风玻璃遮住，让你什么也看不见。对这些被溅起的泥水，雨刷显得毫无用处，你必须停车边用手擦边让雨水冲淋洗刷才行。一旦天晴，你还必须忍受驶过坑洼时的颠簸，在不能判断前方是否有车辆相对驶来的情况下，只能硬着头皮冲进尘沙中去，这还算好，你必须还要减速，前额紧抵挡风玻璃观察是否有些危险情况，如此徐徐前行，苦不堪言。在途中的帐篷营地听说，一进入阿拉斯加就是铺装路了，于是我便盼望着能早一点哪怕提前一小时进入阿拉斯加也好。我可是真正体会到了那种见到铺装路面时可能会有的极度喜悦了。一上铺装路，车开起来有说不出的轻松与快乐，道路坑洼凹凸造成的冲击力骤然减小，速度也提高了两到三倍，汽油费也少花了不少，行驶效率提高了一大截。但铺装路面上的行驶平淡得有些单调，反倒觉得辛苦地在土路开车也有一些乐趣了。

1.2.3 古代城市的铺装

前面已经说过，人们一直在追求能更加安全、方便地行走其上且不易疲劳的铺装材料，从西班牙的安布罗纳山谷中用大象的腿骨作铺装材料算起，历经骨材、原木、木板直至石材。这些铺装材料的共同特点即都是容易获得的自然物，其中尤以石材最好，是罗马时代以前欧洲城市中主要的铺装材料，并且一直使用到今天，甚至这种石质铺装表面的设计创意还波及日本。

在探讨以人为本的铺装的时候，无疑是不能忽视石材铺装的。石材铺装数千年来一直被欧洲城市居民所喜爱，经常出现在画家、小说家、诗人的作品里。在欧洲城市里完成的摄影作品、电影、电视节目中我们也常能见到以这些石材铺装场所为背景的画面。

说了这么多，最早的石材铺装应该是“琥珀之路”上蒂罗尔山上的那段铺装吧。另外，在已成为了遗迹的古代城市奥斯泰亚(Osutia)、庞贝及古罗马广场等地也留存着这些最早时代的石材铺装。

这些城市的铺装几乎完全雷同并且缺

少变化，这一点倒是颇似今日日本城市的铺装。这些城市的道路和广场都是用自然的圆形石板铺就，广场一定是用长方形的大理石铺成的。这种整齐划一的风格一直沿袭至今日的欧洲，无论东、西欧国家，无论古城、新城，铺装都是同一种模式。

1.2.4 庞贝的铺装

庞贝是面朝地中海的一座古代城市遗址，在距今约1900年前的公元79年8月24～25日，庞贝北边耸立的一座火山喷发了，火山熔岩、火山砾、火山灰埋掉了这座成市。庞贝城在公元前500年前后开始兴建，后沦为希腊的殖民地，由于受希腊文明的影响，出现了繁荣一时的商业、农业和海运业。公元前89年一度受到罗马人的攻击，在公元前80年开始成为罗马人的殖民地，在被埋没时人口约在22000～25000人之间，庞贝古城的繁荣前后持续了大约600年。

对庞贝城的发掘始于1750年，从1860年开始进入到了研究性发掘阶段，但直至今日尚有五分之二的部分未被发掘。市内有作为市场及市民集会场所之用的两个广场，有包括桑拿浴室在内的三个浴场、两个剧院和竞技场，住宅和商店都有铅管上水道，道路下面设有下水道。

市内共有横贯东西直达中心广场并向西延伸的亚彭旦茨阿大街、瑙拉大街及现在尚在发掘的共三条大街，以及南北向与上述三条大街直交的斯特比亚大街构成了这座城市的主要街道。

与这些主干街道相交的街道还有许多，它们构成了棋盘式的纵横交错的街道

图1.3 庞贝古城车行道的铺装

系统。

市内的街道被分离成了车行道，车道两侧是步行道，发掘者认为，庞贝几乎百分之百的街道都是铺装路。

现在走在庞贝的街上，淀粉般轻细的火山灰飘飞起来如同烟雾一样。我们可以想象，步行道上的铺装具有使居民、行人免受火山灰的侵扰的作用吧。但这里曾经有过的步行道铺装在今天已经被完全破坏了，或许是被火山喷出的炽热的岩浆，或许是开掘后纷至沓来的观光客破坏了。

但是，在庞贝毕竟还零零落落地遗存着一些铺装的遗迹，我们也只能从这些只鳞片爪般的遗迹中追溯探寻当时步行道铺装的思想与技术。步行道分三层进行铺装，各层只有3cm左右，表面考虑到与鞋底的摩擦(行走时脚的触感)等因素，细石是用类似砂浆般的东西固定着的，走在上面不会打滑，让人觉得很舒服，简直比现代步行道还好得多。鞋底触及路面那种踏踏实实的感觉让人觉得美妙无比。不谈它的耐久性，单讲它纤细优雅的美、鞋底踩

铺装上开凿出的沟槽

横越车行道的步石

车行道

照片 1.28 庞贝的铺装

步行道

步行道铺装的三层构造

步行道上留存良好的铺装

照片 1.29 庞贝的步行道铺装

上去美妙的感觉就让人叹为观止。路面看不见图案和模式，但那些细石却散发着鲜活的光彩。从这仅存的为数不多的铺装上，我们也可以想象当时人们的生活是多么优雅和充满情调。还有，庞贝还有许多狭窄的小街巷，比如仅能容两个并行者小巷就很多。

步行道用30cm × 30cm × 80cm大小的方柱状石镶嵌边缘，与商店、住宅及其他建筑处在同一水平线上，并不使用阶梯。

车行道比步行道低30cm左右，用80cm × 40cm的没有棱角的鹅卵石或石板铺装而成。

车行道比步行道低一些，有人认为是为了使降雨时从比斯比奥山流下来的水能够从这里排出去，但流水中也有土石砂砾、树枝枯草等东西吧。排水沟将流淌在道路上的雨水收集起来，防止洪水进入市内。

庞贝车行道铺装的特征是凿有与车幅相应的车辙可以放入其中行走的沟槽。铺装面是圆石紧凑而成，但与现代的平面铺装不同，每个圆石都是曲面的，凹凸不平的路面缓缓伸向远方。而且石块的表面极其光滑，比起现在的平面铺装要难走得多。

车辆在这样的路面上自然难以顺利行走，于是按车轮的宽度尺寸凿了两道沟槽，这样车辆便能在相对平直的路线上行走了。这两道20cm左右的沟槽使车辆获得了在平坦铺装上行走的效果。这可以减少牵引车辆的人或牲畜的辛苦，也可以减少因路面凹凸而摔坏货物的危险。若是车上有乘客，也可以使他们坐得更舒服些。

走在发掘出的庞贝的街道上，你会发现一些与步行道同高、如同日本的步石一般的平坦石块被放置在车行道上，石块的摆放方向是横过车行道的。因为步行道比车行道高30cm，所以穿过道路到另一侧的步行道上去是件比较费事的工作，尤其对上了岁数的人而言相当不容易，可能还有一点就是妇女从步行道下车行道、从车行道上步行道的姿势可能会损及她们优雅的风度，而设置了这些步石，妇人们横穿道路就显得从容不迫得多了。

作成步石是因为车轮还要从间隙通过。庞贝的街路上还有共同使用的上水道。这些人行横道步石在十字路口是常见的，在有水井的地方也可看到，应该说它可是帮了那些手提沉重水罐、水瓶的人的大忙。

中央广场在西南部，以大理石平板铺装而成，有好几处地方有青铜或大理石的塑像，周围被两层柱式回廊包围。回廊外侧的四面是阿波罗神殿、朱庇特神殿、拉雷斯神殿、裴斯帕神殿、元老院、政治官事务所、市场等城市生活中必要的建筑。

埋没前的大理石平板铺装只是零零星星地还留存着一些，但从发掘出的遗迹上我们完全能够想见当时广场华丽的容姿。

残留在步行道上的那些优雅而柔软的铺装。为了方便行车在车行道上凿出的两条沟槽、横过车道时使用的步石、大理石铺装的豪华的中央广场，以及残存在古城中的典雅住宅和它的壁画、庭院，这一切都让我们看到这座古城处处体现着对人的关心和爱护。

照片1.30　庞贝公共广场的铺装，曾经是用白色大理石铺成

1.2.5　罗马的铺装

（1）　古罗马广场

古罗马广场的起源被认为是与罗马市的诞生处于同一时代。

地中海地区最大的帝国——罗马的起源问题，并没有现存资料可以考证，只是根据一些传说在进行推测。罗马市共有七座山丘，古罗马广场就处在其中三个山丘之间好像可以作水田的湿地上。据认为在公元前6世纪，居住在附近山丘上的人们在这里聚集开市。公元前600年时在位的塔克文国王在这个广场下面修建了足够一人站立高度的大地下排水沟，将广场从湿地环境中解放了出来，随后又修建了神殿、市场和集会场所，这样，此地就成了罗马市乃至罗马帝国的中央广场。

“Foro”这个词具有广场的意思，Foro Romano似乎可译作“罗马的公共广场”，虽然现在只存遗迹，但其风格形式与庞贝的中央广场十分类似，这里也有作为政治中心的元老院、凯旋门，罗马将军、辩士向市民发表演讲的讲坛，还有农耕之神神殿、恺撒神殿、维斯泰神殿、安东尼与法乌斯蒂娜神殿、罗姆斯神殿和两个罗马式长方形会堂。

广场虽是大理石平板铺成，但现在也如同庞贝的广场一样，相当大的面积已被剥离蚕食。

在古罗马广场有一条横贯其间被称作“圣道”的大街，用圆形石块铺砌而成，与庞贝不同的地方就是没有步行道而且车行道上也没有沟槽，只是在“圣道”向圆形剧场左转弯的一侧有一处半圆形的沟隐约可见，有人说是人为开凿的，但也有可能是车辆转弯时沉重些的一侧车轮辗压摩擦成的吧。

在车行道的铺装上开凿沟槽的事例不仅仅是出现在庞贝，在前面说到的“琥珀之路”上就有，在日本琵琶湖岸边的滋贺县大津市到京都的路上也有这种为车轮在石质铺装上开凿出的沟槽。北陆地区出产的稻米用船在琵琶湖上运输，在大津上岸，然后用马车或人力车运送到京都。这条道上的铺石是平整的切割石，与庞贝及罗马的表面呈圆形的铺石不同，它们不光

广场

广场的铺装（大方形大理石部分 ）

圣路

福尔莫大街

车行道的铺装（圆形的铺石）

照片 1.31 古罗马广场的铺装

滑且有细小的凹凸，适合人马行于其上。这段铺装也已消失殆尽，只是在琶琵湖畔的公园的一角再现了3m左右而已。

古罗马广场的铺装与庞贝的比较起来，无论是对方便行走方面的考虑，还是对美感的考虑，都还存在不少差距。罗马人口密度很高，在公历纪元开始的时候已超过50万人口，但市区内道路极其狭窄，大街也不过5m左右宽幅，这里曾经人来人往，喧闹繁华，运货马车与乘人车来往行驶，一派市井繁忙景象。

甚至在街角的某些地方还有卖东西的摊贩，绝无庞贝的优雅斯文，也没有人车分开使用的步行道，与庞贝的铺装比较一下，罗马的铺装似乎欠缺一些对人的周详考虑。但值得一提的是在市民集会的广场修建了地下排水沟这一点真是极其难能可贵。

（2） 罗马的街道

古罗马广场不光是政治及市民的广场，古代罗马修建的道路也是以这里为原点的，从罗马延伸向欧洲各地。所谓的“罗马之路”以罗马为起点的有7条，其中更以阿比亚旧街道最为早远，它是政治家阿比乌斯·克拉乌戴威斯作为军用道路于公元312年修建的。道路宽幅虽然在各路段有所不同，但大体都在3m左右，可能是与交通流量有关吧，如在邻近罗马的地方就稍宽一些。道路是在深掘地面之后铺了近1m的小石子，然后辗压使之紧实，并置有路边石，用相当重的圆石块铺装。令人惊异的是，这些铺装在历经两千年的风雨之后依然有一部分留存在世，也不知是在当时的铺装之上，还是在铺装损毁后的

表面沥青剥离，露出了罗马时代的铺装

在阿比亚旧街的铺装上又铺上了沥青后的路段

罗马时代的铺装石

阿比亚旧街上的新、旧标识

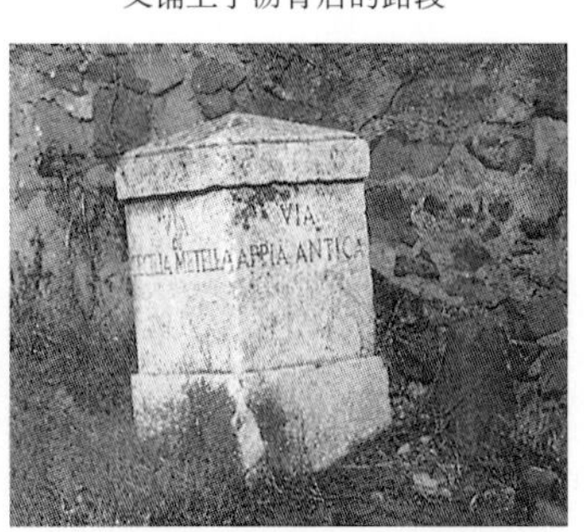

旧标识

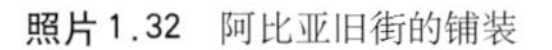

照片1.32 阿比亚旧街的铺装

地方，铺上沥青以后汽车仍能畅行无阻。但是，这一块块露出的铺装，还使我们能一睹两千年前古罗马的街道。而且这条街道上居然还有步行道，也不知是一开始就有还是后来增加的，由是观之，这条道路不光是用于军事目的，还是较多地考虑了民用的需要及特点。

从仅仅露出一点点的阿比亚的铺装和石材上来看，与古罗马广场和庞贝的手法非常一致。看着这些年深日久的铺装，最让人感慨的还是车行道与步行道实现了分离这一点，这充分考虑了步行者的安全，可以看出当时的道路不是单纯以车辆为中心，而是把对步行者即人的关爱体现在其中。

1.2.6 铺装中的“景”

若说到步行使用的铺装，我想首先应有三个必要条件：①安全，②方便使用，③行走其上的乐趣。

对于①、②两个方面前面已谈了许多，第三个方面所说的“行走其上的乐趣”应该是指它能缓解疲劳感、视觉上的变化及色彩等内容吧。

茶师千利休应是最懂得铺装变化与视觉愉悦关系的人了吧，他的构成茶室院子的要素“门”或者“中潜”、“待合”、“腰挂”、“雪隐”、“蹲踞”等用步石和台阶连接起来，并用“六分用四分景”指出院内步石铺装的要领。

若将修置好的步石的功用定位100分为满分，“渡”的功能即便于行走的功能应占60分，而其余40分应属于“景”的功能，即视觉效果让人觉得赏心悦目。这种将使用功能与美学功能定量的看法也还是有一定的主观色彩，A氏将步石的“渡”与“景”作六四开的话，B氏也许会作七三开，都还各有道理。

步石、台阶不仅只见于茶室院子的铺装，它们与铺石是园林铺装中不可或缺的部分。现实当中也并不都像利休所说的那样完全是“六分用四分景”，有时可能是五五开也有可能是八二开，这是会因设计者的意图不同而有所变化的。

最近，我们可以看到对街路及广场铺装材料的色彩、尺寸、图案等有愈来愈多的研究，这或许是一种不仅要追求“用”还看重“景”的表现吧。

1.2.7 石铺地面——欧洲的城市铺装

包括巴黎在内，在欧洲各个城市你会发现无论是车行道、步行道还是广场都毫无例外地是石质铺装。即使现在是沥青铺装，那过去也一定是石质铺装，损毁后才换成沥青铺装。这些石板几乎都是15cm见方的浅黑方石，无论是意大利，还是西班牙、巴黎、德国、比利时几乎都是如此。

这些城市的步行道、车行道都是用同样的铺装材料和同样的技法铺装完成的，比日本任何地方的街路铺装材料都显得坚硬，凹凸的程度也显得大一点。

对于这种石质铺装与沥青、混凝土路面的不同，长年在这里行车、走路的居民说，由于石板上下轻微的摇动、错开，路面极易打滑，特别是在受潮、上冻的时候更厉害。再有一点就是，这些石块会在街头冲突、骚乱中成为随处可见、随时可取

欧洲代表性的铺装材料

马德里的铺装

博洛尼亚市街

巴黎塞纳河畔

巴黎学生街

罗马郊外小镇广场上的市场

罗马市街

罗马市政厅前的广场（米开朗基罗设计）

照片 1.33 欧洲各城市的铺装

的攻击武器，是人们对付警察的最常用的手中家伙。

但是，欧洲人对铺石好像真的是情有独钟，新的步行道和广场也多以石材铺装。铺在步行道和车行道上的这种石质铺装，确实与两边的住宅房屋在环境气氛上显得非常协调一致，但更合乎实际的理解应是，这里并无创造更多乐趣的意图。

但是，历经千百年来南来北往脚踵的砥砺，铺装的表面已被磨去许多，当初曾是平整的铺装地面，如今却现出一种微妙别致的起伏，成百上千的石块汇聚成一个整体，却没有排列方向完全相同的两块石头。这种细微的起伏、变化，难道不可以说是一种独特的“景”吗？

街道与古老的城市融为一体，形成了宛若艺术作品般的视觉空间。

用这种石块铺砌繁华热闹街面的步行道，究竟营造出了怎样的“景”呢，将块石同心圆状铺置，一层层向外扩展开来，形成独到的创意。这种手法也传入日本，在自然风格的石质铺装中开始使用一些模式、图案。

最近日本街路的铺装已是很强调

"景"，形态、色彩及铺装面的模式、图案也日益繁杂起来了。

在德国波恩的国立环境研究所的正门前，有一个德国新露头脚的雕塑家创作的旋涡状纪念碑，它的地表铺装用的也是这种石板铺砌的方法。石板铺装已经成为欧洲人铺装上的某种传统，即使是号称前卫的雕塑家也未能破例吧，足见影响之深刻。

使用石板进行如此铺装，是何时起源于何地，又如何传播开来成为欧洲传统的呢？是需要将描绘风俗的铜版画按年代研究一遍才能知道答案吗？我想，如果将欧洲的大小城市按时代的先后顺序作一番考察的话，也许就会有答案吧！

参考文献

F.C. ハウエル著，寺田和夫訳：原始人，パシフィカ，1977年
H. シュライバー著，関楠生訳：道の文化史，岩波書店，1980年
シビレ・クレス=レーデン著，河原忠彦訳：エトルリアの謎，みすず書房，1965年
エイルナ・イエシュタード著，浅香正訳：ローマ都市の起源，みすず書房，1982年
藤原武著：ローマの道の物語，原書房，1985年
アイビス社編：埋没都市ポンペイ，日本テレビ放送網株式会社，1984年

第2章　铺装材料与施工

2.1　分　　类

为行人使用的道路和广场的铺装与汽车道路的铺装有很大的不同，不能仅仅依据它的机能和耐用性来决定，因为它还包含了诸如安乐、平静、情趣等让行人的走路变得更加轻松的因素。因此，色彩、形状、创意及质感等成了关键点，使铺装与周围的建筑、树木等共同塑造道路、广场及街区的景观。在这里，它就是在表现生活和文化，尤其是在表现历史。

因此，对直接服务于人的铺装的繁杂大量的素材和施工工艺、方法进行分类就是十分必要的了。我们在此依据材料、施工方法及功能进行分类。下面对各分类展开论述。

2.1.1　根据材料的分类

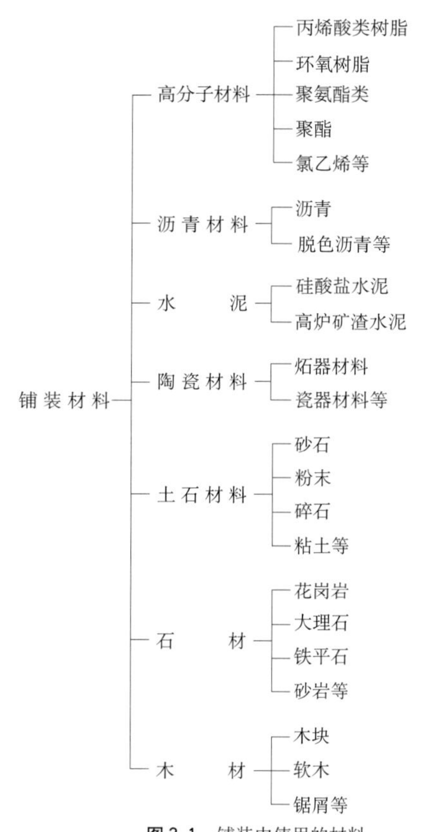

图2.1　铺装中使用的材料

最普遍使用的铺装材料是沥青，如果追溯使用沥青进行铺装的历史，最早出现在公元500～600年时的古巴比伦王国，据记录，当时曾用砖和沥青铺设修建过道路。除沥青之外，还有一些材料被广为使用，如水泥，大理石、花岗岩等天然石材，木材，陶瓷材料，丙烯树脂、环氧树脂等高分子材料等。

沥青、水泥及高分子材料主要是作为粘合料与骨材和颜料一起使用。这种铺装的物理属性受材料的影响，但感觉上更多的是性能受掺入的骨材及添加材料的情况所左右。与此相反，石材、木材及陶瓷材料更多的是制成块状使用，而铺装面如何表现这些材料自身的特色是一个有趣的话题。

2.1.2 根据施工方法的分类

铺装的施工方法大体可分为现场施工型和二次制品型。现场施工型是指将材料当场涂刷、均匀摊铺、浇注等，二次制品型施工是指将块状、瓷砖状材料等铺砌、粘贴在表面上。

一般来讲，二次制品型施工比现场型施工具有更多进行创意的可能。

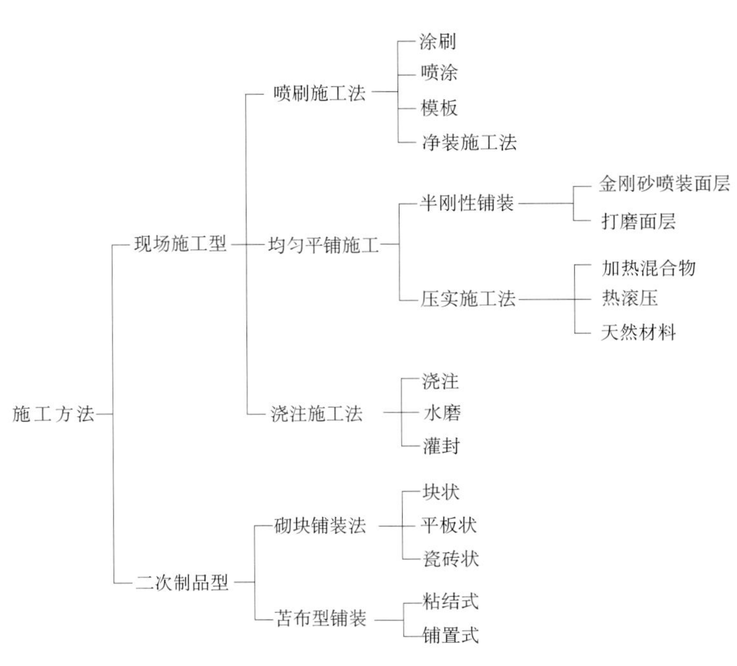

图2.2 铺装的施工方法

2.1.3 根据功能的分类

铺装的功能主要包括表面的抗滑性、由硬度决定的步行舒适性及排水性等。步行所引起的肉体疲劳程度因铺装体对双足的冲击度不同而有很大区别，冲击可以分为垂直方向和水平方向，垂直方向上的冲击主要由铺装面的硬度(弹性)来决定，水平方向上的冲击力受铺装面抗滑力的影响。极不光滑的路面容易让人疲劳，太滑的路面又很危险，也会让人疲劳。一般来讲有追求较大抗滑力的倾向，因为易滑铺装会引发各种问题。抗滑力还会因处于干燥状态和湿润状态而有所不同，铺装面在潮湿状态时引起的问题较多，作为对策，经常采用增加接缝（沟）和凹凸的方法。但在寒冷地区出现易滑的问题不仅限于铺装面是潮湿状态，积雪、结冰都会使路面光滑，而且铺装面上的凹凸还会妨碍冰、雪的融化。因此，找到铺装易滑的原因并采取措施是十分重要的。铺装的排水可分为表面排水和浸透排水两种情况。浸透式排水主要依据透水性铺装来实现，它可以使雨水直接浸入地下，地面不易积水，且使降水得以归还地下，有利树木生长，并调节了流入城市下水系统的水量。

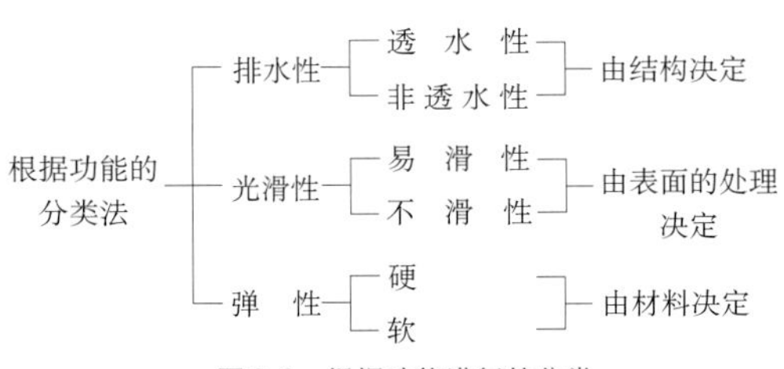

图2.3 根据功能进行的分类

2.1.4 综合分类

图2.4是将上述三种分类方法组合后得到的分类，本书所涉及的各种铺装施工法依据此分类来谈。

因为此分类是在直接为人服务的道路和广场这个意义上进行的，并不包括一般车行道上使用的沥青、水泥混凝土铺装等，除此之外，我们想把目前正在使用的方法尽数罗列出来。但是，现在尚未被使用的新材料及施工方法还在不断地被开发出来，不久的将来肯定又会有很多内容必须补充进去。铺装的新功能会不断出现，比如雨天路面被淋湿后会显现出图案和文字等，那将会使我们的生活更有乐趣。

2.2 施工方法

铺装的施工方法有很多(如图2.2所示)，我们在此对一些主要方法的特征进行总结。

2.2.1 喷刷施工法

在沥青及水泥混凝土铺装的表面涂装彩色铺装材料的施工，比较多的时候是使用高分子材料。根据涂装材料的粘度不同分别使用橡胶沉淀色料方法、泥瓦工抹子施工及喷涂机施工等方法。另外还有使用砖缝状模框及在高分子粘合料（多为环氧树脂）未硬化前洒入彩色骨材制成砂纸状铺装的网格施工方法。

涂刷工法因表层相对较薄，使用后自然会出现损耗。若一味加厚涂刷层厚度，会因涂层与底面间热胀系数的不同引起皱裂、剥离等问题，因此一定要避免。涂刷工法具有代表性的实例就是东京迪斯尼乐园的铺装，在每年1000万游人的使用量下，还一直保持设计时每年涂刷一次的标准。涂装式施工方法造价低，耐久性差，之所以采用此方法，是为了保有永远崭新的铺装。

照片 2.1 用橡胶沉淀色料涂装

照片 2.2 用喷涂机械进行涂装

照片 2.3 用泥抹子进行模框彩砖施工

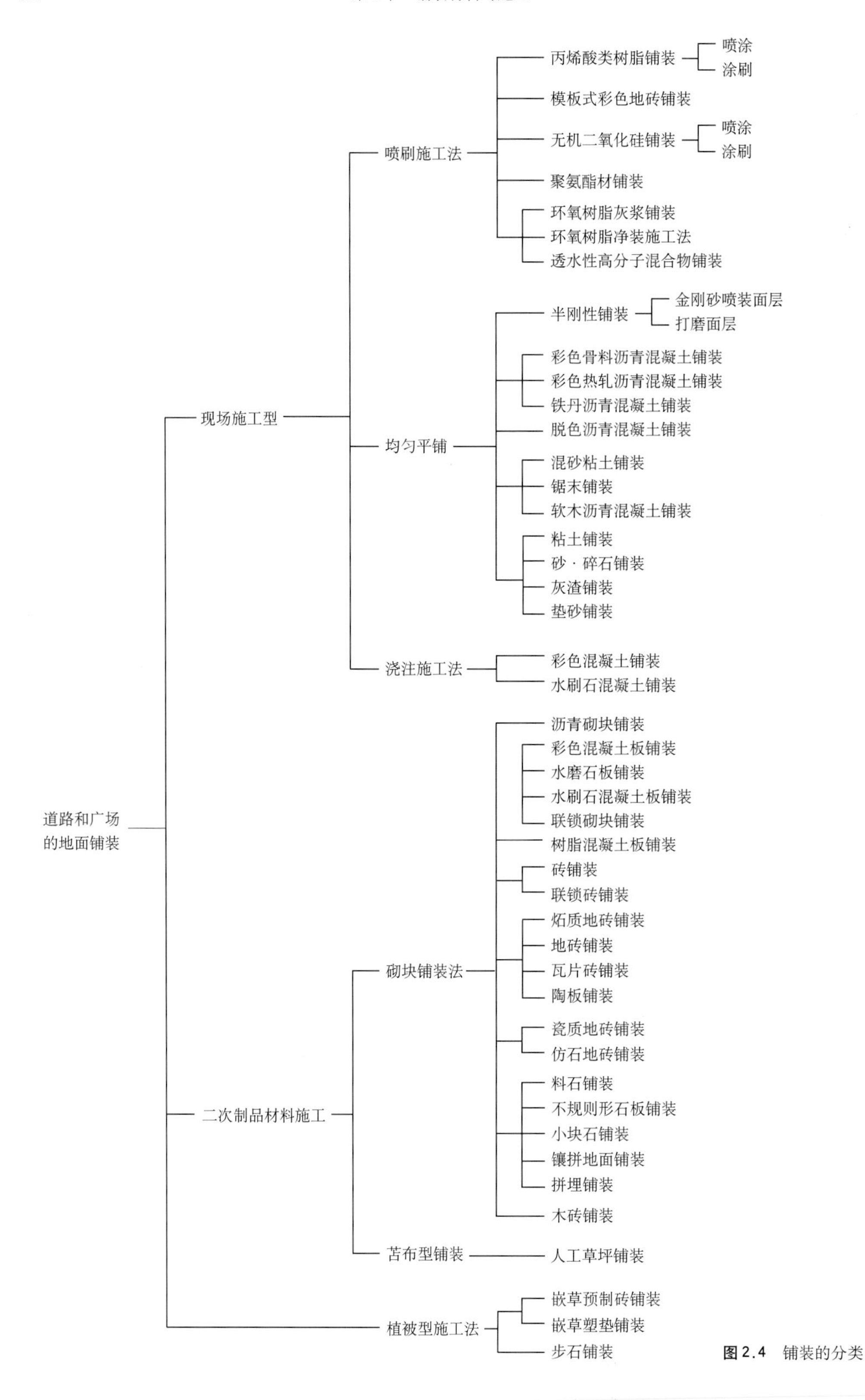

道路和广场的地面铺装
现场施工型
喷刷施工法
丙烯酸类树脂铺装
喷涂
涂刷
模板式彩色地砖铺装
无机二氧化硅铺装
喷涂
涂刷
聚氨酯材铺装
环氧树脂灰浆铺装
环氧树脂净装施工法
透水性高分子混合物铺装
均匀平铺
半刚性铺装
金刚砂喷装面层
打磨面层
彩色骨料沥青混凝土铺装
彩色热轧沥青混凝土铺装
铁丹沥青混凝土铺装
脱色沥青混凝土铺装
混砂粘土铺装
锯末铺装
软木沥青混凝土铺装
粘土铺装
砂·碎石铺装
灰渣铺装
垫砂铺装
浇注施工法
彩色混凝土铺装
水刷石混凝土铺装
二次制品材料施工
砌块铺装法
沥青砌块铺装
彩色混凝土板铺装
水磨石板铺装
水刷石混凝土板铺装
联锁砌块铺装
树脂混凝土板铺装
砖铺装
联锁砖铺装
炻质地砖铺装
地砖铺装
瓦片砖铺装
陶板铺装
瓷质地砖铺装
仿石地砖铺装
料石铺装
不规则形石板铺装
小块石铺装
镶拼地面铺装
拼埋铺装
木砖铺装
苫布型铺装
人工草坪铺装
植被型施工法
嵌草预制砖铺装
嵌草塑垫铺装
步石铺装

图2.4 铺装的分类

2.2.2 均匀平铺施工法

沥青铺装为代表的均匀摊铺辗压施工法及土、砂铺装均属此类。沥青铺装具有较易施工、耐久性强甚至可以修大型车行道路面等优点,还有平滑、易行的特点,因此,如何为这种黑色铺装着色,使之发出更加自然、亲切的光彩是人们下大力气研究的内容。

一种是用颜料着色,但能比较有效地使沥青着色的颜料只有印度红(赤褐色),

照片 2.4 黑色沥青铺装的施工场景

因此,在没有办法的情况下,人们只好使用与沥青性质近似的具有热可塑性的粘合料(脱色沥青),将之染成黄色、绿色后加热使用。另外作为骨材的碎石也可换成人工彩色骨料(瓷质),将这些彩色骨料散布在均匀摊铺的水泥上压实形成彩色铺装。另外也有将软木粒、锯屑等作为骨材形成柔软且具有弹性的铺装。

沥青混合物可根据改变骨料的粒度来制成米花糖状的混合物。在这些混合物的空隙(30%左右的空隙度)里填充加入了乳胶的水泥浆,就能作成兼具沥青铺装和水泥铺装长处的半刚性的铺装。也有给水泥浆着色或加入彩色骨料制成彩色铺装的时候。将这种半刚性彩色铺装的表面用磨石打磨后再冲洗,使骨材出露,这样的铺装更是别有风味。

由于土及碎石铺装不便于维持管理,目前只用于神社内及小规模人行道的铺装。

2.2.3 浇注施工法

这是将具有流动性的材料通过浇注完成铺装的方法,水泥混凝土铺装是这种方法的代表。另外,还有将未硬化的水泥混

照片 2.5 半刚性铺装的施工(填充水泥乳浆)

照片 2.6 将半刚性铺装用喷净法进行整饰(黑色处为整饰面)

照片2.7 铺装面的打磨(正在使用磨石)

凝土铺装用水洗出粗骨料的水洗施工法和在铺装表面添加颜料着色的施工方法。为了防止水泥混凝土铺装由于硬化或热胀冷缩出现崩裂等情况，必须考虑留置一些接缝，决定接缝的位置和数目不光要从物理特性方面分析，艺术创意也是十分重要的。

2.2.4 块状材料施工法

在不使用沥青、水泥混凝土等底面铺装的情况下，将块状铺装材料中比较厚的(6cm以上的)铺置在弹性砂层上的施工方法，各板块间相互的挤压力可以维持铺装的稳定。欧洲石板铺装是这一方法的代表，最近使用混凝土预制块及砖也比较多。因为具有较大的挠度及耐久性，车道铺装也常采用这种方法。另外，用碎石、砂石作材料还可以制成透水性极强的块状铺装材料。

照片2.8 混凝土铺装的施工

2.2.5 板状材料施工法

将平面对角线20～40cm长短、厚度在3～5cm的平板状材料在水泥混凝土或沥青铺装面上以2～3cm的砂浆固定铺设的施工方法。常用的材料是天然石板、水泥混凝土、砖、炻质材料等。接缝宽度在5～10mm之间，用水泥沙浆填充。沥青平板也是其中一种。

照片2.9 小块石的铺设(汉堡)

2.2.6 地砖施工法

定义平板状材料和瓷砖材料的区别是很难的，瓷砖材料的厚度较小，在10～20mm之间，多是瓷质或天然石材制成，用水泥混凝土制成的几乎没有。因要用沙浆固定在混凝土铺装面上，极易发生碎裂、

照片 2.10 陶板的铺设

剥落，为了防止这种破损，有时事先将它们在工厂里打在对角线长 30～40cm 的混凝土平板上，在现场再按平板材料铺装法进行施工。此种方法的耐久性还有更多研究的空间。

木砖在形状上虽然与块状材料近似，但在施工方法上仍归入瓷砖材料铺装法。一直以来是在混凝土铺装上用水泥灰浆加高铺设，但是，近来在平坦、良好的沥青铺装面上用沥青类接合材料铺设的情况正在增多。这种方法具有木硅与基础连接

照片 2.11 花岗石砖的铺设

好、施工也勿需太过熟练技术的优点。木砖间的接缝幅度在 10mm 左右就行，要用沥青类材料进行填充。

2.2.7 苫布施工法

1985 年筑波科学万国博览会帕皮里昂广场的一部分采用了人工草坪铺装，并因此获得了好评，这就是苫布施工法。这种铺装一直用于足球场、网球场、棒球场等运动场地，在道路和广场上极少使用。它的好处是由于柔软、弹性好而行走舒

照片 2.12 木砖的铺设

适，其上还可供人坐卧。今后若要在道路、广场铺装上使用，首先一定要解决耐久性、价格及雨雪天气的问题。这种铺装几乎都是在沥青铺装面上粘结或铺放施工的，也有使用一些具透水功能材料的。

照片 2.13 人工草坪的铺设

2.2.8 植被施工法

主要是指天然草坪的铺装。维护管理难是这一铺装的特点，因此最近以来，用混凝土及塑料制成保护材料在散步道等处铺装的情况也渐渐多起来了。另外，在原来的草坪中放置步石的方法也归类在植被铺装方法中。

照片 2.14 滑性抵抗试验机

照片 2.15 刻槽施工

2.3 根据功能分类的铺装

2.3.1 防滑铺装

铺装表面的抗滑性极大地影响使用的舒适性，易滑或极端不易滑的铺装都使人容易疲劳。目前，更多的研究是从行走安全的角度作为一种事故对策来进行的，从行走舒适度方面对此问题的研究几乎还没有。

干燥状态下毫无危险的铺装也有可能在被雨水淋湿时变得非常滑，特别是表面平滑的铺装更是如此。所以，防止鞋底与铺装面之间形成水膜是首要问题，具体作法包括增加透水性促进表面排水、增加摩擦度等。

抗滑性与行走舒适性、疲劳间的定量研究是今后有待研究的一个领域。

2.3.2 透水铺装

透水铺装最大的好处是能够促近雨水向大地的循环，并因此促进树木生长、调节流入下水道的水量。另外还可以使铺装面不易积水，雨天也能保证使用者有一个好的心情。

透水铺装的构造是让雨水在铺装面上短暂积存然后慢慢渗入路床，贮水量(铺装厚度×空隙率)要根据设计降水强度和浸透能力来计算。透水性表层的透水系数常用10^{-2}～10^{-1}cm/s来表示，实际上10^{-2}cm/s的程度已足够，过高的透水系数会损害铺装的耐久性。铺装的透水能力不仅只受表层透水系数影响，还与铺装体的贮水量、路床的浸透能力及表层保持透水性能力的大小等有关。表层透水能力差是因为使用的粘合料的性质、骨料的形状等原因，目前，这方面的研究正在进行。

透水铺装的表层广泛使用沥青类(现场施工型)、水泥混凝土类(现场施工型平板

照片 2.16　非透水型铺装在下雨时易积水

照片 2.17　下雨也没有积水现象的透水铺装

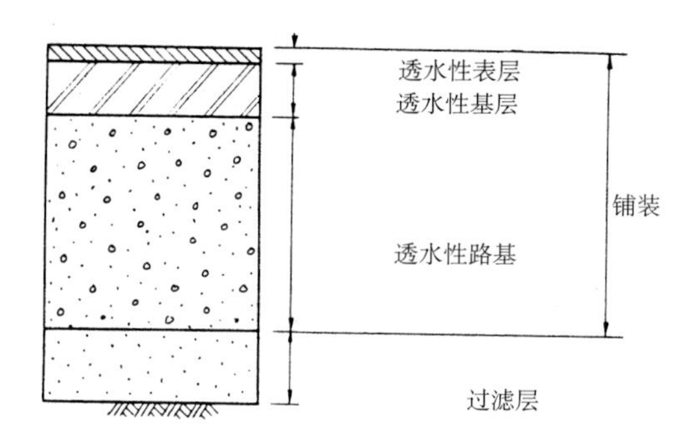

路床

透水性铺装的厚度　　$H=(0.1i-3600q)\frac{100t}{60V}$

这里，H：铺装厚度（cm），

i：降雨强度（mm/h）

q：路床的平均浸透速度（cm/s）

t：降雨持续时间（min）

V：铺装体平均孔隙率

图 2.5　透水铺装的标准断面及决定其厚度的计算公式

材料等)，最近用环氧树脂、脱色沥青及用环氧树脂作粘合料，用碎石作骨料的透水性铺装和陶瓷类透水铺装块也正在被人们使用，更加接近自然的透水铺装施工法正在增多。

2.3.3　软性铺装

日本的铺装，直至今日还因车辆通行的原因一直只在追求耐久性，从今以后要改变这种状况。不仅要便利于行走、外观优美，还必须踩上去有柔软、温暖、亲切的感觉，这才是为人服务的生活空间的一部分。柔软铺装目前虽广泛用在田径场、网球场等处，但也只是在追求如何使球场功能更能发挥，却完全没有考虑对人的亲切感。说到柔软的铺装，聚氨基甲酸酯树脂及人工草坪等高分子材料正在被使用，但迄今不能用于道路铺装的原因是价格高和耐久性不能令人满意。在日益安定、富足的今天，我们期待更多柔软、价廉、耐久的大型铺装用于人行道及广场。

我想记得1985年筑波科学万国博览会帕皮里昂广场10000m²人工草坪铺装施工的人也不少吧，我们在那儿能看见孩子们在人工草坪上坐卧滚倒的情景，这在其他铺装上是看不见的。这块草坪在2000万参观者的脚下显示了坚韧的耐久性，作为今后柔性铺装广泛使用在步行道和广场上的一个实验，它是相当成功的。

照片2.18 用聚氨酯树脂铺装的田径场

照片2.19 科学万博会的人工草坪铺装(有坐在地上的孩子)

第3章　设计理论

3.1　铺装路的线形

道路与广场首先是人类环境中步行交通的设施，所以要有与人类行为规律符合的合理性。我们知道，步行设施的一些功能性条件如人行道的宽度、人行道的线形、诱导指示标志的配置、路面的整饰、防护栏的形状与配置等，与人的行为有极大的关联[1]。因此，在3.1这一小节中，我们暂且离开本书的直接论题“铺装”，关注一下步行行为的特点，以实际观测调查行人走出小路的事实为基础，具体地对铺装道路线形的设计理论进行论述。

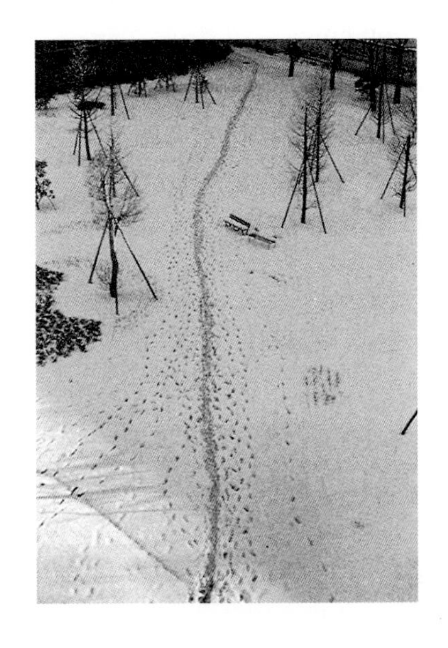
照片 3.1

3.1.1　道路的形成与铺装

人们来回走动使得地上出现了好几条“路线”（照片3.1），如果每个人每回都走不同的线路的话，道路也就无法形成了吧[2]。但我们在户外对步行空间进行实态调查时，极容易发现草地中已裸地化的细小“道路”(照片3.2)。这种踩踏出的小径

照片 3.2

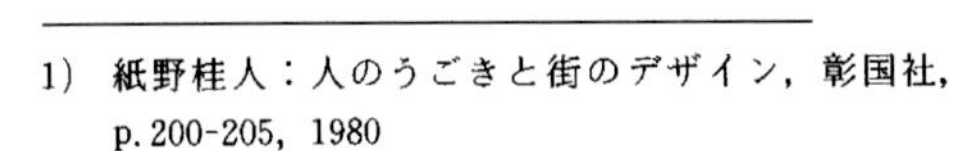
1）紙野桂人：人のうごきと街のデザイン，彰国社，p.200-205，1980
2）O.F. Bollnow，大塚恵一ほか訳：人間と空間，せりか書房，p.93-95，1985

(path)不光在人类社会有，就是在动物世界中也有野兽走出来的“兽道”，大概是成百上千次选择并通过同一路线后走出来的吧。

像我们在早晨的海滩或雪地中看见的足迹(照片3.1)一样，每个人每一次的行走路线都是不成熟的曲线形，他们通过还没有行人来过的空间，无意间就会走在与人的步行行为规律契合的路线(desire lines[3])上，而后面的人也会沿着这个路线前行，后人还会修正前人的路线使之更短、更早到达目的地。于是小路慢慢变宽，这里也就变成了一条无名小道(anonymous[4、5])。(如照片3.3所示)

每一条连接两点的道路都是在首先明确了方向的前提下，自然地诱导行人的视线前行形成的。因此，要想去某一个目的地时，人们首先会很本能地寻找这一方向上的自然的路线[6]，并会在无意之中使用这一路线。另外还有，在雨天或下霜路面泥泞时，人们会更加专门地优先选择走这些自然路线，这大概也是看到最初路线的特点认识到这些已被踩踏坚实的土路也具备铺装（pavement）[7]的一些功能吧。

照片3.3

3.1.2 人类步行行为特点

通过实际调查人们自然而然地步行留下的足迹，我们可以发现下述这样一些人类步行行为的特点：

（1） 作为足迹的成因都有方向性明确的边界和目标点，步行者沿着这个边界向目标点行进并形成捷径。这些捷径很多段的线形从微观上看是由很多不规则短曲线连接而成的，但从宏观上看呈直线形，整体上保持着一定的方向性(照片3.4)。

（2） 有部分案例显示，足迹线形整体中连接着出发点或到达点的那部分线形明显呈现一条长圆弧状(照片3.5)，与上面特点(1)中所谈到的短曲线连续成直线有明显区别。这是因为行人总是有意识地将身体正面从既有道路方向向到达点校正，或者有意识地将身体正面对向最终目标点建筑物入口等前行的结果。我们可以得出这样的结论：步行者有意向某个方向行走形成的足迹线是具有一定曲率的圆曲线。

(3)关注足迹线宽度与曲线曲率的相关性我们会发现，在步行者改变行进方向

3） N.K. Booth：Basic Elements of Landscape Architectural Design, Elsevier, p.171-172, 1983

4） 上田正昭：道の古代史-淡交選書5，淡交社，p.8，1976

5） H. Schreiber，関楠生訳：道の文化史，岩波書店，序言，1962

6） 前掲書2）

7） 東京農業大学造園学科編：造園用語辞典，彰国社，p.469，1984

照片 3.4

照片 3.5

曲率大的地方，足迹线宽度也宽，反之则窄(如照片 3.6 所示)。这种现象不仅只见于比较短近的道路。作为沿边缘踏痕研究的例子,纸野桂人在 1980 年曾将道路两端沿边石形成裸地的现象定义作“渗出”[8)],也已经看出曲线部分缘石脱落剥离的现象比直线部分大。形成裸地的形态与河流曲流部分比直流部分河面更宽的道理类似。从这些形态特征来看，在连接两点的叫做“通路”的线上,如果每个人的目的地大致相同，那人们的步行就可以看成是像一条朝阻力最小方向流淌的河流一样了[9)]。

(4) 人们步行会使两条人工铺装(路)直线交叉点(角)部分的边缘很自然地改变形成裸地(照片 3.7 和照片 3.8)这大概也回答了前面特征(3)中提到的曲线路段的宽幅为什么会变大的问题。这样一来,对踏痕实际观测结果(参照表 3.1)证实了这样一个原理:因为交叉点会自然变宽，实际的边缘半径作得小一些可能更好。

照片 3.6

R.M.巴安茨(1958)曾经在设计装置

照片 3.7

8) 前掲書 1)，p. 163-164
9) J.O. Simonds : Landscape Architecture-The Shaping of Man's Natural Environment, F.W. Dodge Co., p.158-159, 1961

照片　3.8

时手的动作经济原则中提到："动作范围要最小、不作剧烈的方向变换、手的运动路线要自然……"，从步行裸地化现象来看，这条原则也适于人类步行[10]。即我们在照片3.7中看到，步行线直接连成了三角形斜边使这里出现三角形裸地(后来用沥青铺装的部分),这是人们追求最短路线的结果。照片3.8显示步行线呈曲线状"短路"，这是步行者在遵循运动力学自然法则的同时，一步一步一点一点地连续改变运动方向的结果。

(5) 我们在海滩上收集了93例人们无意识前行轨迹的实例(长60～70m),其中有53例是交替左折右折的轨迹[11],超过了半数以上。我们根据前一节中曾提到的假如有现成的线路后人会循此前进的特点，将步行轨迹的波峰、波谷分别重合成几组集聚图，图3.1是其中的一例。以图的中心线为代表的步行轨迹的模式是分别形成了振幅狭小的蛇行线。

另外的40例轨迹是直线形的,我们可以看出人在无目的散步行走时本能地会借助视力向正前方前进。人最本质的步行轨迹可以从蒙眼步行实验[12]或迷失方向后的行走轨迹(ring-wondering)看出,那是一种不断地大转弯的行走。我们

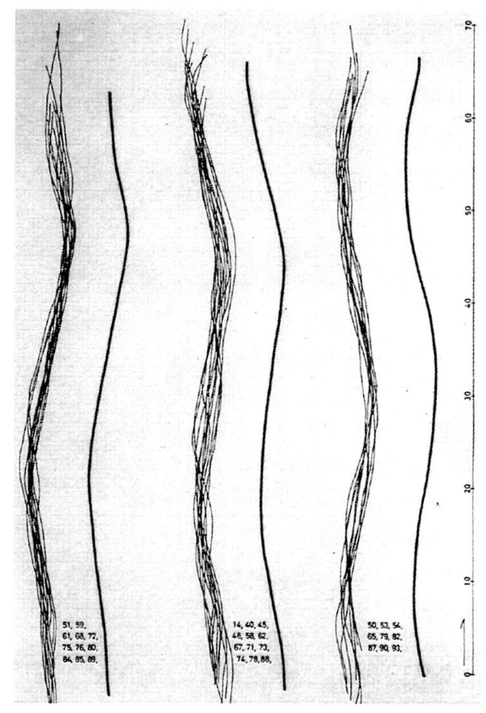

图3.1　步行轨迹的集聚图

推论，由于人体构造的机械性特点与人坚持步行方向的意志相互作用，人在不断地修正轨道的情况下出现了蛇行线状的行走轨迹。

在以下各节中，将要把与前面提到的步行特性相对应的具体数值呈献给读者,把这些应用在铺装面设计上的实例依次介绍给大家。

---

10) 知久篤ほか編：人間工学-工業デザイン全書5，金原出版，p.122，1962

11) 岸塚正昭ほか：園路の曲率に関する基礎的研究（2），造園雑誌33（4），p.2-6，1970

12) 市川洋：自然歩行についての統計的解析，東京理科大学修士論文，1975

3.1.3 转弯步行时的线形

步行者向某一方向转弯时，向着这个方向迈出的脚的打开角度是有一定限度的，每两步就微小角度地改变一次前进方向。按一定速度步行留在地上的运动轨迹如前面3.1.2(2)中指出的那样，呈圆弧形。而圆弧可以用曲率半径(R)和中心角(δ)来求得。为了弄清二者间的函数关系，我们实际测量了平坦草地上裸地化了的道路中心线，图3.2是其中的一例。用这些图上呈现出的圆弧形部分的14组R和δ的样本数据，我们归纳出了下述公式[13]：

$$39-\delta=13.5\log(R-5.8)\cdots\cdots(3.1)$$

其中，中心角δ的单位是度，半径R的单位是m。如图3.3所示，中心角δ等于转弯方向(偏角)，相当于准备向CD方向转弯时的角度。因此，公式(3.1)可以说是确定步行者在特定交叉点转过直角时的曲率半径的公式。为了在实际当中方便地使用它，我们以公式为基础制成了表3.1。应用本表考察直线园路的交叉点，就会形成如图3.4那样的情形。因此，表3.1不但能给出照片3.7和3.8中应铺装部分隅切半径的具体数值，还能对3.1.2(3)中的现象及主张园路交叉点要扩宽修建[14]的著名造园家w.兰格(1927)的设计理论给予合理的解释。

在此将表3.1在设计应用时参考的数据列出来。首先，表3.1的曲率半径是道幅的中心线的曲率半径，实际的隅切曲线(边石板块)的设计半径一定要作成若干个小的数值，它们的差值设定为30cm[15]。所以园路交叉部分的隅切半径最小也要有5.5m。遗憾的是美国的造园课程中连文献都没列出，据说是以19英尺(5.70m)为标准。照片3.9所显示的是由于铺装园路

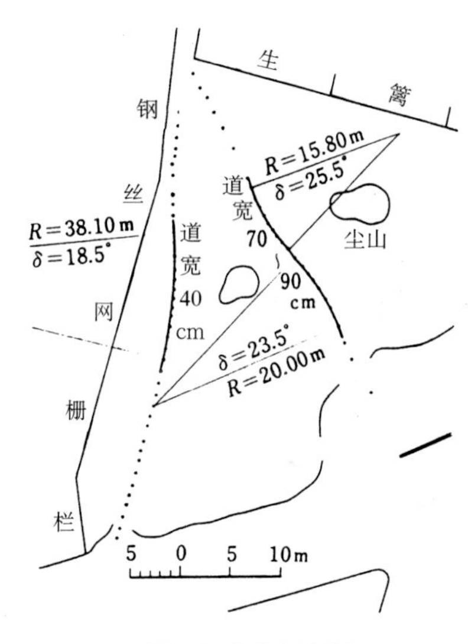

图3.2 脚印实测举例

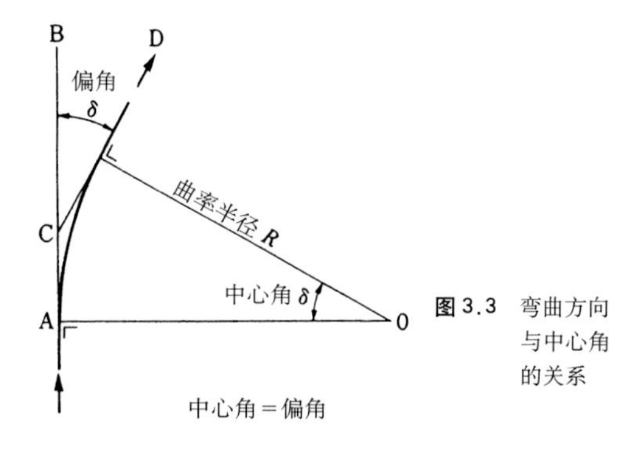

图3.3 弯曲方向与中心角的关系

13) 岸塚正昭：園路の曲率に関する基礎的研究（1），造園雑誌32（4），p.24-30，1969

14) W. Lange：Garten pläne, Leipzig, p.43, 1927

15) 江山正美：スケープテクチュア—明日の造園学—，鹿島出版会，p.78-79，1977

的隅切半径小于5.70m，没办法只好用木栅和花坛阻止游人践踏的情景。其次，在以步行时偏离已有道路距离程度的调查为基础的文献中，提出要在草坪与园路间设缓冲带防止草坪裸地化，这一数值在60～80m之间较合适[16]。这时连接草坪一侧的内曲半径最低也要在5.00～5.20m之间才行。

3.1.4 径直前行时的线形

3.1.2(5)中谈到的径直前行时呈蛇行线状的标准模式，在经过统计处理后可以归纳为图3.5[17]。这条蛇行线以直指目标方向的直线为基轴，每前行24m左右交替有一个2m的支距点，顺次以直线连接这些点得到一条折线，折线偏角为δ，tan(δ/2)=4/24，因δ等于18°55′插入这些折线间的半曲线弯曲的曲率半径R，用公式(3.1)计算应是38.5m。外切线E(external secant,S.L.)=0.53时，就可以用实测调查成果作为原型标准形设定一个波长48m，振幅3m的周期波形模型了。

所以，基于上述调查分析，可供行人

表3.1 步行曲线数表

偏角 δ(°)		曲率半径 R(m)		偏角 δ(°)		曲率半径 R(m)		偏角 δ(°)		曲率半径 R(m)		偏角 δ(°)		曲率半径 R(m)	
10	0	146	40	21	5	25	60	28	0	12	30	39	0	6	80
12	0	105	80	22	0	24	00		5	11	80	40	0	6	60
15	0	65	80		5	22	50	29	0	11	30	42	5	6	40
16	0	56	40	23	0	21	10		5	10	90	45	0	6	20
17	0	48	40		5	19	90	30	0	10	40	47	5	6	03
	5	44	90		0	18	70	31	0	9	70	50	0	5	95
18	0	41	70	24	5	17	70	32	0	9	10	52	5	5	90
	5	38	80		0	16	70	33	0	8	60	55	0	5	87
19	0	36	10	25	5	15	80	34	0	8	20	60	0	5	83
	5	33	60		0	15	00	35	0	7	80	70	0	5	81
20	0	31	40	26	5	14	20	36	0	7	50	80	0		
	5	29	30		0	13	50	37	0	7	20	90	0	5	80
21	0	27	30	27	5	12	90	38	0	7	00	180	0		

照片3.9

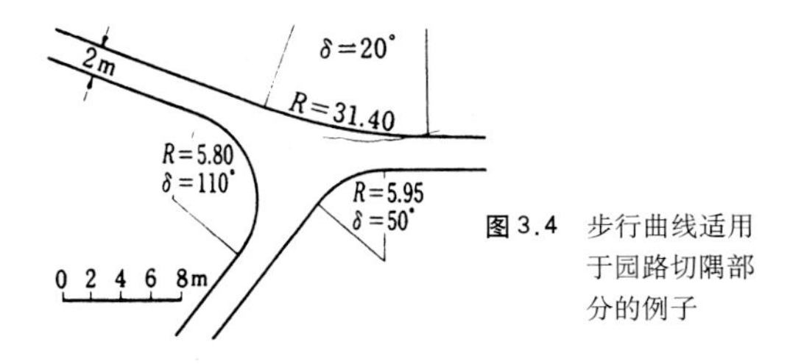

图3.4 步行曲线适用于园路切隅部分的例子

照片3.10

16) 船橋修一：園路のEdge処理に関する調査研究，都市公園59，p.26-32，1976

17) 前掲書11)

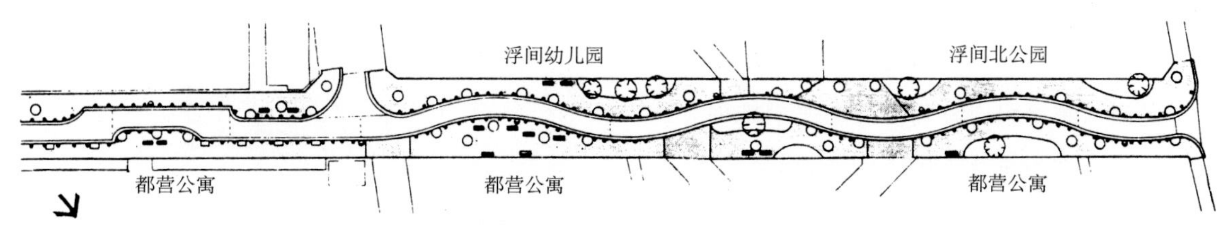

图 3.6 社区道路的设计实例(北区浮间)(都市住宅编辑部编:步车共存道路の理念上实践,鹿岛出版会,p.92,1983)

信步行走的道路只要有3m的宽度就足够用，并会有过半数的人蛇行其上。以观察研究马葫芦盖闻名的林丈二(1986)在追踪考察狗在街上徘徊的路线时发现有3种行走模式，而蛇行线是其中一种[18)]，人类的行走行为与动物有如此类似的地方，真是太有趣了。蛇形步行的好处是由于不断变换左右方向，可以比直线步行更好地看到周围风景。所以，当路幅小于3m时，若能将道路线形设计成蛇行线，就可以把行人从笔直前行的紧张感中解放出来，这只是我的见解，不知是否合乎实际。

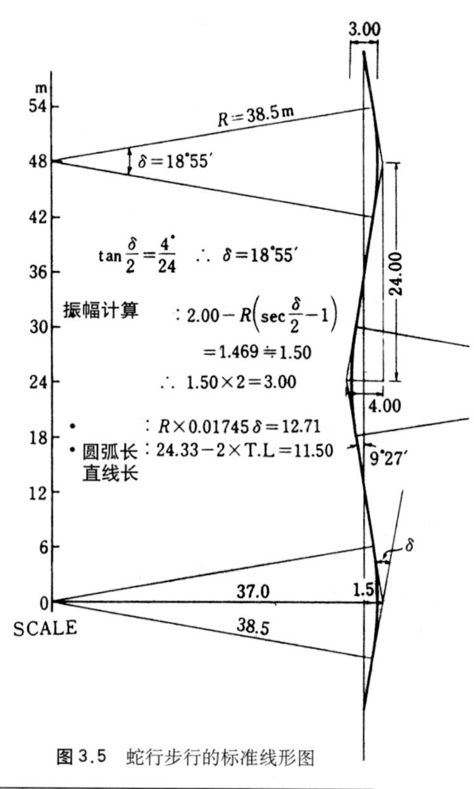

图 3.5 蛇行步行的标准线形图

当路幅在3m以上时，这里讨论的蛇行线就已经包含在这条路上了，似乎已没有再提及的必要，但是，人有某种沿路边行走的行为倾向，所以，蛇行线也可以在较宽阔路面的铺装设计中发挥作用。我们在图3.6的社区道路的线形设计[19)]中可以看到，它的蛇行边的波长为40～50m左右，这个设计是与笔者提出的标准模型契合的一个例子。有机会真想实地沿这条路走走，体验一下那种舒适感[20)]。当然，图3.5是标准图，不必要将全部延长线的波长一律确定为48m，各波长在人类步行可能范围内上下变化，其平均值也会变成这个标准值，因此，在设计蛇行道路边缘时波长上下变化一些更好。

3.1.5 door-to-door 步行的模型线形

本小节讨论建筑物间从一个门到另一个门的小规模空间范围中铺装路的线形。

我们在预测从某一地点出发到另一

18） 赤瀬川原平ほか編：路上観察学入門，筑摩書房，p.145，1986

19） 都市住宅編集部編：歩車共存道路の理念と実践，鹿島出版会，p.92，1983

20） 前掲書7），p.61「アメニティ」参照

目的地的步行者的移动线路时，假设这个区间内都是没有任何障碍的平坦地面，那么这个步行路的线形从几何学上看是如何构成的呢(一般解)？还有最与人类步行行为相契合的线形(最适解)是怎样的呢？在此，我想把迄今为止得到的一些研究成果总结性地阐述一下。

作为步行路线形创意设计练习的例子，在很多文献中总能看得到图3.7[21)]这个手描图，但还没有见到以理论性的定量化设计思想写作的文献。着眼于解决这一崭新领域问题而提出的一个方法论就是3.1.2.(2)中根据对踏痕的观察推论出来的door-to-door步行线路几何模型理论。在本理论中，将有意识地转弯行走区间的步行轨迹模拟为有一定曲率的圆弧。这个栱形是按圆弧长1+接线长+圆弧长2的顺序将各个线段几何连接而成的，用它来模拟人在两点间移动的步行轨迹。为什么会形成这样的一个线形呢？我们借助图3.7将步行者一系列的心理想象一下：

①从图中点D_1出发的步行者，因为一直向前走会使他越来越远离目标点，所以他要把身体正对向目的地A_1点行走，于是他只能转弯(圆弧长1)。

②接下来，他会考虑走最短距离到A_1点，于是会一直沿直线前进(接线长)。

③最后，为了到达建筑物的正对面，他必须再次转弯行走(圆弧长2)。

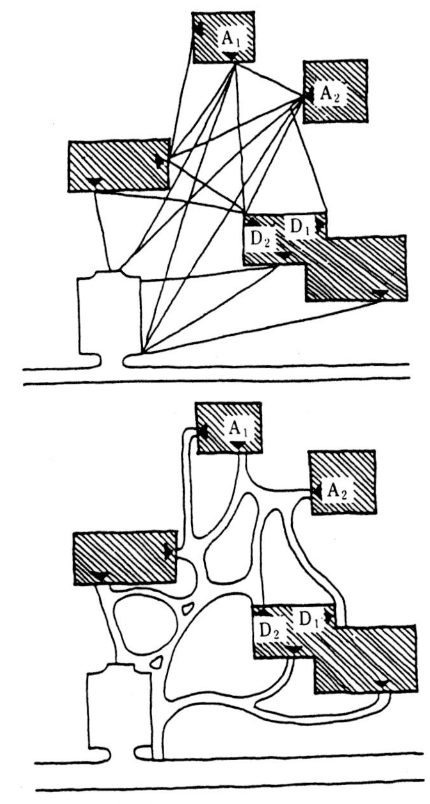

图3.7　步行路线形创意作业的一例

这样一来，图例中连接D_1-A_1的步行轨迹就成了类似S形的线形。出于同样原因，D_2-A_2间步行轨迹就会呈C形吧。道路是必须往复方向使用的，步行者从A点回到D点还是沿与去时相同的模型线形行走，因此下面说到圆弧1和2时不再区分是“去”还是“返”的路线。如果把模型线形两端圆弧1和2用函数式确定下来，余下的接线长(直线)也就可以通过计算得到了。如果这段接线足够长的话，那就可以引用3.1.4小节中计算蛇行线形的模型求解了。但值得注意的是，本模型只适用于小尺度户外空间范围。

21) K.W. Todd：Site, Space, and Structure, Van Nostrand Reinhold Co. ,N.Y.,p.86-87, 1985

下面介绍的是，在非偶然函数式适用前面的公式(3.1)的条件下，用数理方法求解步行路线模型线形的基础公式及解这些联立方程组的电脑计算程序。如果能确定符合人类步行实际的模型线形的两圆弧与接线长的各自数值，那么就如同图3.7那样单纯依赖设计者经验的作业前进了一大步。笔者更想以此收到抛砖引玉的效果。

(1) 模型线形的基础公式

为了使公式更加简单明了，我们确定步行者出发点D为平面直角坐标系的原点，即D(0、0)，从D点以方位角θ_1出发，以方位角θ_2到达任一坐标点A(l、m)(图3.8)，这样问题就简单多了。

将步行者初期方向θ_1确定在Y轴正方向时，可以得到下面这样的基础公式。这里[22]，圆弧1和2的各曲率半径分别为R_1和R_2，各中心角为δ_1和δ_2。规定R和δ的变数值：从D点到A点的步行轨迹弧线的转弯方向向右时R和δ均为正值，弧线转弯方向向左时R和δ均为负值。对从圆弧(开始向外延伸的接线长赋予变量a，根据2圆弧正负符号的组合，将模型线形按形态特征分为C形(同符号)和S形(异符号，图3.8)根据正负符号进行代数处理使公式具有普遍的适用性。将步行者在两点间方向变化量即$(\theta_2-\theta_1)$定义为V

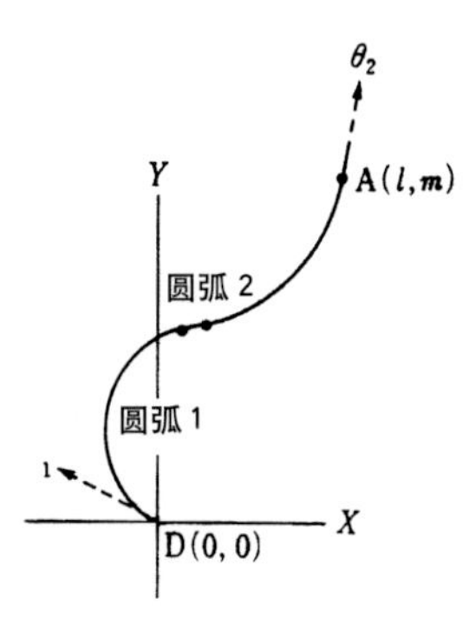

图3.8 步行移动线的原型

ⓘ 两圆弧间的相关

$$V=\delta_1+\delta_2 \cdots\cdots(3.2)$$

$$R_1\cdot \mathrm{vers}\delta_1-R_2\cdot \mathrm{vers}\delta_2 = m\cdot\sin\delta_1-l\cdot\cos\delta_1 \cdots\cdots(3.3)$$

$$\mathrm{vers}(x)=1-\cos x$$

ⓘⓘ 接线长a

$$a=\{m\cdot\sin\alpha-l\cdot\cos\alpha+R_1(\cos\alpha-\cos\beta)\}/\sin\beta \cdots\cdots(3.4)$$

其中 $\alpha=(V+\delta_1)/2$，$\beta=(V-\delta_1)/2$

ⓘⓘⓘ 两圆弧的中心点0_1和0_2的坐标记为：

$0_1(x_1,y_1)$， 则

$$\left.\begin{aligned} x_1&=R_1\\ y_1&=0\end{aligned}\right\} \cdots\cdots(3.5)$$

$0_2(x_2,y_2)$， 则

$$\left.\begin{aligned} x_2&=R_1\cdot\mathrm{vers}\delta_1+a\cdot\sin\delta_1+R_2\cdot\cos\delta_1\\ y_2&=R_1\cdot\sin\delta_1+a\cdot\cos\delta_1-R_2\cdot\sin\delta_1\end{aligned}\right\} \cdots\cdots(3.6)$$

ⓘⓥ 出发点D和到达点A的坐标记为：

$D(x_D,y_D)$，则

$x_D=0$

$y_D=0$

$A(x_A,y_A)$则

$x_A=l$

$y_A=m$

22) 岸塚正昭ほか：自然歩行による園路線形の解法に関する考察，造園雑誌48（5），p.211-216，1985

(2)　模型线形的数值解法[23]

公式(3.3)是将两点用模型线形连接时的条件式，根据这个公式，如果由曲率半径及中心角确定下来的圆孤曲线形与人转弯步行时的踏痕线形一致，并且如果可以得到三部分线段连接在一起的走向与身体在区间内朝向的变化量V匹配的模型线形，那么就可以求出同时满足公式(3.1)、(3.2)、(3.3)的实根解了。可是在由这三个公式组成的联立方程中包含有超越函数，因而用笔算方式根本无法求解，所以只能借助于计算机计算。

表3.2是作为比较常见且较多使用的PC9801的软件，为了进行上述数值计算而开发出来的程序清单。将相关数据输入后，计算机会在10～15秒内将最适合人类步行行为的模型线形的诸要素R_1、δ_1、R_2、δ_2、α、打印输出。

接下来我们只需用电算结果各要素值及基础公式(3.5)外加一把圆规，就能很容易地完成模型线形的制图了。试着比较本模型线形与图3.7中所有的door－to－door步行线路的一致程度时，笔者最关心的一个问题是：与手描作业相比，设计图面的不同在哪里呢？令人遗憾的是图3.7上没有标明比例尺，我们的工作只能到此为止。但是根据图上铺装路设计创意我们能够预测踏痕的发生，要想修正上图，我们就只能应用这个几何学模型理论。

表3.2　试验程序清单

```
10 '********************************
20 '* 園路線形の数値解法プログラム     *
30 '*     FOR NEC PC-9801            *
40 '* File Name "ENRO55"/Feb.1987 *
50 '*                by M.Kishizuka *
60 '********************************
70 ' --- M A I N ----
80  WIDTH 40,20:DEFINT I-N:DEFDBL A-H,O-Z
90  DIM X1(10,2),X2(10,2),XO(20,2),XX(10,11)
100 :
110 '--- ﾏｴｼｮﾘ ----
120 DIM A(6),A$(6):FOR I=1 TO 6:READ A$(I):NEXT I
130 DATA X座標・・ L=,Y座標・・ M=
140 DATA 方向変化量 V=,刻み幅・・ H=
150 DATA 収束停止・E1=,・・・・・E2=
160 DIM B$(6):FOR I=1 TO 6:READ B$(I):NEXT I
170 DATA 1-10分法 ,2-2分法 ,3-按分法
180 DATA 4-按+10分 ,5-ZEROIN,6-M.K.法
190 PI=3.14159265358979#/180!
200 'ｲﾝﾌﾟｯﾄ
210 CLS:PRINT"* 計 算 し ま す か ?"
220 PRINT"   1- Yes":PRINT"   2- No"
230 PRINT"     Push! 1 or 2"
240 Y$=INKEY$:IF Y$="2" GOTO 880
250 IF Y$<>"1" GOTO 240
260 CLS:FOR I=1 TO 6:PRINT A$(I);:INPUT A(I):NEXT I
270 IF A(4)>0 GOTO 280 ELSE BEEP:I=4:PRINT A$(I);:INPUT
 A(I):GOTO 270
280 LPRINT:LPRINT TIME$:AL=A(1):AM=A(2):AV=A(3):H=ABS(A
(4)):E1=ABS(A(5)):E2=ABS(A(6))
290 'ﾐﾀﾞｼ
300 LPRINT"***** ｴﾝﾛｾﾝｹｲ ｶｲｾｷ *****"
310 FOR I=1 TO 6:LPRINT TAB(10-LEN(A$(I)));A$(I);:LPRIN
T USING"####.########" ;A(I)
320 NEXT I:PRINT" ---Searching !! --"
330 :
340 '--- ﾅｶｼｮﾘ ----
350 I1=0:I2=0:II=0:DX=-360!
360 L=2:SCH$="Searching-H:##.#####"
370 LPRINT USING SCH$;H
380 AX=DX+E2:BX=DX+360!-E2:GOSUB 1440:IF DX=-360! THEN
DX=0!:GOTO 380
390 ME=I1+I2:MO=II:IF MO=0 AND ME=0 GOTO 520
400 IF ME=0 THEN MO=0:GOTO 530
410 H=H/10!:L=L+1:I1=0:I2=0:LPRINT USING SCH$;H
420 IF MO=0 GOTO 430 ELSE FOR J=1 TO MO:AX=XO(J,1):BX=X
O(J,2):GOSUB 1440:NEXT J
430 IF ME=0 GOTO 480
440 LM=L MOD 2:FOR J=1 TO ME:IF LM=0 GOTO 460
450 AX=X1(J,1):BX=X1(J,2):GOTO 470
460 AX=X2(J,1):BX=X2(J,2)
470 GOSUB 1440:NEXT J
480 ME=I1+I2:IF ME=0 GOTO 510 ELSE IF H<E2 GOTO 510
490 H=H/10!:LPRINT USING SCH$;H
500 I1=0:I2=0:L=L+1:GOTO 440
510 IF II<>0 GOTO 530
520 LPRINT"  ---KAI ﾅｼ---":OWA=999
530 LPRINT TIME$;" ・・ｺﾝﾀﾝｻｸ・ｵﾜﾘ":IF OWA=999 GOTO 210
540 IF OWA=999 GOTO 210
550 :
560 '--- ﾎﾝﾀｲ -------
570 CLS:PRINT"*ﾒﾆｭｰ(手法：Push 5-7,終了=7)*"
580 PRINT B$(1);TAB(12);B$(2):PRINT B$(3);TAB(12);B$(4)
:PRINT B$(5);TAB(12);B$(6)
590 IK=VAL(INKEY$):IF IK<1 OR IK>7 GOTO 590
600 IF IK=7 GOTO 210 ELSE I=0:K=MO+1
610 LPRINT:LPRINT TIME$;" ・・・ｼｭｳｿｸ・ｶｲｼ"
620 N=0:AX=XO(K,1):BX=XO(K,2):H=BX-AX:X=AX
630 GOSUB 1170:GOSUB 970:IF Y<0 THEN NO=1:U=AX:GOTO 650
640 NO=2:V=AX
650 X=BX:GOSUB 1170:GOSUB 970
```

23）岸塚正昭ほか：HHCを用いた園路平面線形の数値解析プログラムの開発，造園雑誌49（5），p.155-160，1986

```
660 IF NO=2 THEN U=BX ELSE V=BX
670 ON IK GOSUB 1510,1590,1650,1970,1710,2060
680 K=K+1:IF K=<II GOTO 620 ELSE LPRINT TIME$;" ・・・ｼｭｳｿ
ｸ・ｵﾜﾘ"
690 :
700 '--- ｱﾄｼｮﾘ -----
710 LPRINT"手法";B$(IK);"-----"
720 LPRINT" 解δ=";TAB(21);" 型  ﾙｰﾌﾟ数"
730 NN=I:SM=100000000#:K=0
740 FOR I=1 TO NN:GOSUB 2370:GOSUB 2440
750 XX(I,10)=AA:XX(I,11)=AT
760 LPRINT USING"##] ####.######  &&-####";I,D1,TYP$,N
770 LPRINT USING"   a=####.### /t=######.###";AA,AT
780 K=K+N:IF AT<=SM THEN J=I:SM=AT
790 NEXT I
800 LPRINT USING"                ﾙｰﾌﾟ合計=###";K
810 LPRINT " ****** 最 適 解 ******"
820 LPRINT "中心角(°)・・・・・・ ¦半径(m)・・・・・・"
830 I=J:GOSUB 2370
840 LPRINT USING " δ1=####.#####¦ R1=####.####";D1
,HR1
850 LPRINT USING " δ2=####.#####¦ R2=####.####";D2
,HR2
860 LPRINT TAB(13)"較差=";
870 LPRINT USING "#######^^^^";XX(J,6):LPRINT TIME$;"
・・ｱﾄｼｮﾘ・ｵﾜﾘ":GOTO 560'--"ﾎﾝﾀｲ" ﾍ
880 PRINT"ｵ ﾜ ﾘ":END
890 :
900 '*****************
910 '    SUBROUTINE
920 '-- ﾋｭｳﾏﾝ R ---
930 DD=39#-ABS(D):DD=DD/13.5#:HR=10#^DD+5.8#:IF D<0 THE
N HR=-HR
940 'RD=D*PI:VERS=1.0-COS(RD):RETURN
950 RD=D*PI:VERS=2!*(SIN(RD/2!))^2!:RETURN
960 :
970 '--- ｺﾝ ﾊﾝﾃｲ ---
980 CLS:PRINT" -ｼｭﾎｳ";B$(IK);"---"
990 PRINT USING" XO=##  LOOP=###";K,N
1000 PRINT" **ｹｲｻﾝﾁｭｳ**"
1010 IF Y=0 GOTO 1030
1020 IF ABS(Y) => E1 GOTO 1060 ELSE IF ABS(H) => E2 GOT
O 1060
1030 I=I+1: XX(I,1)=D1: XX(I,2)=HR1: XX(I,3)=GR1: XX(I,
4)=D2
1040 XX(I,5)=HR2:XX(I,6)=Y:XX(I,7)=1:IF TYP$="S" THEN X
X(I,7)=2
1050 XX(I,8)=N:XX(I,9)=IK:GOTO 680 '----"ﾎﾝﾀｲ" ﾍ
1060 RETURN
1070 :
1080 '--- ｼｭｸｼｮｳ ---
1090 IF Y>0 THEN ZV=V:V=X:ZQ=Q:Q=Y:GOTO 1110
1100 ZU=U:U=X:ZP=P:P=Y
1110 RETURN
1120 :
1130 '-- ﾀﾝﾃﾝ ｶｸｻ --
1140 X=U:GOSUB 1170:N=N+1:P=Y:X=V:GOSUB 1170:N=N+1:Q=Y
1150 RETURN
1160 :
1170 '--ｷｶｶﾞｸR ﾄﾉ ｶｸｻ---
1180 D1=X:D2=AV-D1:IF D2<-360!THEN D2=D2+360!
1190 IF D2>360!  THEN D2=D2-360!
1200 D=D1:GOSUB 920:HR1=HR:RD1=RD:VERS1=VERS
1210 D=D2:GOSUB 920:HR2=HR:VERS2=VERS
1220 AK=AM*SIN(RD1)-AL*COS(RD1):IF VERS1=0 THEN VERS1=1
D-20
1230 GR1=(HR2*VERS2+AK)/VERS1
1240 IF D1*D2>0 THEN TYP$="C" ELSE TYP$="S"
1250 Y=GR1-HR1: RETURN
1260 :
1270 '-- ｺﾝ ﾀﾝｻｸ ---
1280 FMT$="####.########"
1290 N=SGN(Y):K=K+1:IF K=1 THEN ZY=Y:ZN=N:ZE=0!
1300 E=(Y-ZY)*N: IF N*ZN =< 0 GOTO 1390 ELSE IF ZE>0 GO
TO 1410
1310 IF E=<0 GOTO 1410 ELSE IF ABS(Y)>H GOTO 1410
1320 A=X-2*H:IF A<AX THEN A=X-H
1330 B=X:LM=L MOD 2:IF LM<>0 GOTO 1370
1340 IF LM<>0 THEN GOTO 1370 ELSE I1=I1+1: X1(I1,1)=A:
X1(I1,2)=B
1350 LPRINT"X1-";I1;TAB(8)"A:";:LPRINT USING FMT$;A
1360 LPRINT TAB(8)"B:";:LPRINT USING FMT$;B:GOTO 1410
1370 I2=I2+1:X2(I2,1)=A:X2(I2,2)=B:LPRINT"X2-";I2;TAB(8
)"A:";:LPRINT USING FMT$;A
1380 LPRINT TAB(8)"B:";:LPRINT USING FMT$;B:GOTO 1410
1390 A=X-H:B=X:II=II+1:XO(II,1)=A:XO(II,2)=B
1400 LPRINT"XO-";II;TAB(8)"A:";:LPRINT USING FMT$;A:LPR
INT TAB(8)"B:";:LPRINT USING FMT$;B
1410 ZY=Y:ZE=E:ZN=N
1420 RETURN
1430 :
1440 '--- ｸﾘｶｴｼ ---
1450 K=0: M=0: X=AX
1460 IF X=>BX GOTO 1480
1470 GOSUB 1170:GOSUB 1270:X=X+H:GOTO 1460
1480 IF M=0 THEN X=BX:M=1:GOTO 1470
1490 RETURN
1500 :
1510 '*** 10ﾌﾞﾝﾎｳ ***
1520 H=V-U
1530 X=U:H=H/10!
1540 X=X+H:GOSUB 1170:N=N+1:GOSUB 970
1550 IF N>100 GOTO 1570
1560 IF Y<0 GOTO 1540 ELSE V=X:U=X-H:GOTO 1530
1570 RETURN
1580 :
1590 '*** 2ﾌﾞﾝﾎｳ ***
1600 X=(U+V)/2!:GOSUB 1170:N=N+1:GOSUB 970
1610 IF Y>0 THEN V=X ELSE U=X
1620 H=V-U:IF N<100 GOTO 1600
1630 RETURN
1640 :
1650 '*** ｱﾝﾌﾞﾝﾎｳ ***
1660 H=V-U:GOSUB 1130
1670 S=Q/P:T=1!-S:S=H*S:X=S/T:X=V+X:GOSUB 1170:N=N+1
1680 GOSUB 1080:H=V-U:GOSUB 970:IF N<100 GOTO 1670
1690 RETURN
1700 :
1710 '*** ZEROIN ***
1720 '      by R.Brent(1973)
1730 EP=1!
1740 EP=EP/2!:T1=1!+EP:IF T1>1! GOTO 1740
1750 GOSUB 1130:A=U:B=V:FA=P:FB=Q
1760 C=A:FC=FA:D=B-A:E=D
1770 IF ABS(FC)>=ABS(FB) GOTO 1790
1780 A=B:B=C:C=A:FA=FB:FB=FC:FC=FA
1790 T1=2*EP*ABS(B)+E2/2:XM=.5*(C-B):T2=4!*EP*ABS(B)
1800 H=2*ABS(XM)-T2:Y=FB:GOSUB 970:IF N>100 GOTO 1950
1810 IF ABS(E)<T1 GOTO 1890 ELSE IF ABS(FA) <= ABS(FB)
GOTO 1890
1820 IF A<>C THEN GOTO 1830 ELSE S=FB/FA:P=2!*XM*S:Q=1!
-S:GOTO 1850
1830 Q=FA/FC:R=FB/FC:S=FB/FA
1840 P=S*(2!*XM*Q*(Q-R)-(B-A)*(R-1!)): Q=(Q-1!)*(R-1!)*
(S-1!)
1850 IF P>0! THEN Q=-Q
1860 P=ABS(P):IF 2!*P>=3!*XM*Q-ABS(T1*Q) GOTO 1890
1870 IF P>=ABS(.5*E*Q) GOTO 1890
1880 E=D:D=P/Q:GOTO 1900
1890 D=XM:E=D
1900 A=B:FA=FB
1910 'IF ABS(D)>T1 THEN B=B+D
1920 'B=B+T1*SGN(XM)
1930 B=B+D:X=B:GOSUB 1170:N=N+1:FB=Y
1940 IF FB*(FC/ABS(FC))>0! GOTO 1760 ELSE GOTO 1770
1950 RETURN
1960 :
1970 '**10ﾌﾞﾝ+ｱﾝﾌﾞﾝ**
1980 '    by O.Takenouchi(1984)
1990 H=V-U:GOSUB 1130
2000 S=Q/P:T=1!-S:S=H*S:X=S/T:X=V+X:GOSUB 1170
2010 N=N+1:GOSUB 970:GOSUB 1080:H=(V-U)/10:M=SGN(Y)
2020 X=X-M*H:GOSUB 1170:N=N+1:GOSUB 970:GOSUB 1080
2030 IF N>100 GOTO 2040 ELSE IF Y*M<0 GOTO 2000 ELSE GO
TO 2020
2040 RETURN
2050 :
2060 '*** M.K.ﾎｳ ***
2070 '  Copyright(C) 1985
2080 '   by  岸 塚 正 昭
2090 GOSUB 1130:IF Q>ABS(P) THEN KY=SGN(P)
2100 KY=SGN(Q)
2110 '・・・Begin Step・・・
2120 H=V-U:S=Q/P:T=1!-S:S=H*S:X=S/T:X=V+X:GOSUB 1170
2130 N=N+1:IF Q>ABS(P) THEN IF ABS(Y)<ABS(P)/10! GOTO 2
150 ELSE 2160
2140 IF ABS(Y)<Q/10! THEN 2150 ELSE 2160
2150 GOSUB 1080:H=V-U:GOTO 2170
2160 GOSUB 1080:H=V-U:GOTO 2270
2170 '・・・Secant・・・・・・・
2180 NN=0:D=H:IF Y>0 THEN A=ZV:FA=ZQ:GOTO 2200
2190 A=ZU:FA=ZP
2200 B=X:FB=Y:H=B-A:GOSUB 970
2210 NN=NN+1:IF NN>30 GOTO 2270
2220 IF SGN(FA)*SGN(FB)<0 GOTO 2240
2230 IF ABS(FB)>=ABS(FA) GOTO 2110
2240 S=FB/FA:T=1-S:S=H*S:IF ABS(S)>=ABS(T*D) GOTO 2110
2250 S=S/T:X=B+S:GOSUB 1170:N=N+1:GOSUB 1080:D=V-U
2260 A=B:FA=FB:GOTO 2200
2270 '・・・Bisection・・・・
2280 X=U-V:X=V+X/2!:GOSUB 1170:N=N+1:GOSUB 1080:H=V-U
2290 GOSUB 970:IF ABS(H)<E2*10! GOTO 2310
2300 IF KY*Y>0 THEN 2270 ELSE 2170
2310 '・・・Interpolation・・
2320 S=Q/P:T=1!-S:S=H*S:X=S/T:X=V+X
2330 GOSUB 1170:N=N+1:GOSUB 1080:H=V-U:GOSUB 970
2340 IF N<100 GOTO 2320
2350 RETURN
2360 :
2370 '--- ﾖﾐﾀﾞｼ ---
2380 D1=XX(I,1):HR1=XX(I,2):GR1=XX(I,3)
2390 D2=XX(I,4):HR2=XX(I,5):Y=XX(I,6)
2400 TYP=XX(I,7):N=XX(I,8):IK=XX(I,9)
2410 IF TYP=1 THEN TYP$="C" ELSE TYP$="S"
2420 AA=XX(I,10):AT=XX(I,11):RETURN
2430 :
2440 '--- ｷｮﾘ ---
2450 D=(AV+D1)/2!:ALPH=D*PI
2460 IF AV=D1 THEN AA=10000000#:AT=100000000#:GOTO 2520
2470 D=(AV-D1)/2!:BETA=D*PI
2480 AA=AM*SIN(ALPH)-AL*COS(ALPH)
2490 CC=HR1*(COS(ALPH)-COS(BETA)):AA=AA+CC
2500 BB=SIN(BETA):AA=AA/BB:RD1=D1*PI:RD2=D2*PI
2510 AT=ABS(HR1*RD1)+ABS(AA)+ABS(HR2*RD2)
2520 RETURN
```

3.2　铺装创意

3.2.1　基本思想

照片3.11　狭窄小巷中的彩色铺装（原宿，涩谷区）

这里我们首先想探讨一下铺装创意方面的一些基本思路与想法。铺装创意的对象不仅是中心街，还包括小巷、建筑物周围、桥面，公园绿地上的园路等，都是需要进行铺装创意的(照片3.11)。

若用平面构成与立体构成[24]这二元分类法对铺装的创意进行归类，我们自然地就会把铺装创意归入平面类。但是，我们知道，道路与广场的周边及内部是有许多建筑物、灯柱、树木、台阶、喷水等地物的，如何使这些地物与铺装协调是个大问题，因此，铺装的设计创意必须是在立体的城市环境中研究平面构成的问题(照片3.12)。

照片3.12　有台阶的广场的铺装创意（神奈川县民大厅，横滨市）

铺装创意关系到道路和广场的以步行为代表的各种交通功能和装饰问题，还与诸如将游憩、娱乐导入道路与广场、指示与信号系统等有关。进行铺装创意的工序首先是选择铺装材料的材质，然后就是决定色彩和图案等，并且有各种不同尺度空间的铺装。总而言之，铺装创意直接对街区景观施加巨大影响。

人看铺装的视点大致可以分为三类：①行走在街道、广场上的时候看街市景观中的铺装；②从较高楼层或地势较高处俯瞰街景中的铺装(这里叫“远景视”)；③行走在道路、广场上的时候看脚下的铺装(这里叫“推进视”)。

24）真鍋一男：デザイン技法講座1，ベーシックデザイン平面構成，美術出版社，1965

照片 3.13 街市与铺装，“远景视”
（纹路细腻的石质铺装／开港纪念广场，横滨市）

照片 3.14 脚下的铺装，“推进视”
（以海的波浪为主题／开港纪念广场，横滨市）

铺装创意多数是在设计图上决定，“远景视”常常成为研究重点，而“推进视”则时常被忽略（照片 3.13，3.14）。

我们必须留意现代铺装潮流的变化，但我们也要有必要的有关古典铺装的知识，如欧洲古老街道、广场、园林，中国园林中样式化的铺装创意，小铺石与砖的铺摆也有传统模式和图案(照片 3.15)。

照片 3.15 采用传统花纹的铺地砖与水磨石铺装
（马车道，横滨市）

3.2.2 铺装材料与创意

因为材料的选定是铺装创意中重要的环节，所以我们应好好地体验材料使用的可能性及其允许使用的条件。铺装材料是铺装的构造材料，同时表层材料又是一种“体现创意的材料”，这一点可能与建筑上说的装饰材料相类似。

彩色铺装材料的发展令人眼花缭乱，开发联锁砌块、树脂类材料等新产品的同时，人们也开始重新审视石、砖、木砖等传统材料并对其加以改进革新。砌块、瓷砖、砖等的形状，换句话说就是它们的接缝体现的情趣越发被关注，色彩更加自然的产品不断增加，比如石质肌理的瓷砖、红砖色彩的混凝土砌块。一般我们是从商品目录或样品陈列中得到有关铺装材料的信息，但更应该去实地看看铺装，走一走，用自己的感觉去体验。例如：①掺入了铁丹的沥青混合物适于铺低彩度的大面积空间，但不适于画细线及图形；②砌块、瓷砖可以自由地配色，可以配线或图案，拼缝还能营造许多趣味出来，但是，如果反其道而行之铺设无拼缝铺装面却是万万不

照片 3.16 用掺入铁丹的沥青(红色)进行的单调铺装
（高岛平图书馆，板桥区）

可以的。所以，我们要体验类似这样的一些问题(照片3.16)。

石质铺装越是年深日久，越有一种历史感，因此，如何选择材料使之成为记录城市年轮的载体也是非常重要的。

照片3.17 冲绳战争遗迹，干裂状的石材贴面使用的是暗色调（和平祈祷公园,糸满市）

3.2.3 铺装创意与造型要素

(1) 色 彩

欧洲石铺街道的石材也是因街而异的，如将各种石材混杂使用，虽不能说就是彩色铺装，但比起石头原原本本的色彩来还是显得另有一番既素朴又丰富多彩的趣味[25)]。现在的铺装材料已被开发出各种各样的色彩，作为近年的一个倾向，出现了将色彩系列化的产品，例如即使都叫做红色，但不同产品的色相、明度、彩度都是有区别的。这使铺装的配色更有可能实现某种微妙的变化。随着低明度、低彩度铺装材料的开发，更沉着稳重的配色也将会出现。当然，由于铺装材料的原因施工后褪色、污脏处显眼、被雨淋湿后出现表面色彩变化等问题还是存在的。

照片3.18 无彩色配色铺装（瓷砖／三井大厦55广场，新宿区）

我们会根据道路、广场的性质决定采用明亮或暗一些的铺装色彩，而对于配色来说色彩间的协调[26)]是最重要的(照片3.17)。人们容易被彩色铺装吸引，但无彩色(黑、白、灰色)铺装也是我们研究的重要内容。黑、白、灰也是色彩，这其中有非常微妙的区别。用黑、灰等配色铺装

25) 小林章：歩道へのカラー舗装の導入，ベース設計資料(道路・橋梁編) No. 8, p. 37-39，建設工業調査会，1982

26) 星野昌一：色彩調和と配色（第5版），丸善，1975

出极富魅力的空间的例子也有(照片3.18)。

还有，若用另一颜色的线镶彩色铺装的边，会收到使铺装色彩更加明显的效果。

在有关色彩的JIS中，有色名(JIS Z 8102)、根据二度视野XYZ系的色表示方法(JIS Z 8701)、根据三属性的色的表示方法(JIS Z 8721)等多种内容。测定色彩用途的方法和手段有标准色表、测色色差计等。

(2) 材　质

照片3.19 用各种色彩和质感的花岗石组成的图案(神宫桥，原宿，涩谷区)

照片3.20 用瓷砖统一建筑和铺装的质感(新宿区)

材质是我们经常说到的如粗涩、光滑等的材料表面状态，换句话就是纹理的粗细程度。材质是直接影响铺装质感的要素(照片3.19)。

表层使用两种以上材料就会出现不同质感组合，同一材料也可以加工成不同质感。铺装的材质要与周围环境气氛协调(照片3.20)。欧洲古城的建筑是石造的，再用小铺石铺装地面，建筑墙面与地面就显得非常谐调。

材质又分为触觉质感和视觉质感。

① 触觉质感　是指通过触觉感知的材料的表面状态。对铺装而言，那应该可以理解成脚透过鞋底感觉到的表面状态吧，与光滑性、弹性都有很大关系。把木砖与石材放在一处，对木砖的触感远比石材柔软。另外拼接缝也影响触觉质感，如瓷砖铺装的拼缝若给人一种轻轻牵绊的感觉，你在雨天走上去会有一种安全感。

② 视觉质感　指用眼感知的材料的表面状态。同一种材料也会因加工方法的不同而有不同的视觉质感，但任何一种材料都有自己特殊的质感，因而我们才一看便知什么是木、石，什么是混凝土，但现在诸如看似大理石的混凝土砌块、看似花岗岩或布面的瓷砖等更具自然视觉表面的材料也在不断出现，使铺装材料更加多样化。

另外，石材经水磨整饰的表面因雨天过于光滑而不被采用，但现在又出现了用它作为重点铺装创意的例子。这是因为石材的暗色表面会像镜子一样映出天空的云朵和四周的树木，这是以往铺装所没有的效果。

(3) 形 态

在平面的构成要素中有点、线(直线、折线和曲线)和形(三角形、四边形、多边形、圆、椭圆和不规则图形)之分，把直线直交会形成十字或方格(照片3.21)。

画在路面上的与道路轴线平行的直线具有强烈的方向指示作用。与轴线垂直等间隔画在路上的直线条能刻画出一种节奏感。广场上的线形不但能给人安定感，还具有指示方向的意义(照片3.22)。折线显示动态美，沿着道路轴线弯曲的曲线会让

照片3.21 点的创意／铺装边缘的收线也可看见(仿石瓷砖、砖／东急总部大街，涩谷区)

你感觉到一种缓慢的节奏。同一波形曲线的反复使用具有强烈的节奏感和指向作用(照片3.23)。与道路、广场轴线平行的直线和另一组直线垂直相交组成的方格图案会给人安静而有条理的感觉，而与轴线有45°偏角的方格会带给你整齐、动态的感觉(照片3.24)。

形状、大小相同的三角形反复出现的图案具有极强的指向作用，而形状、大小相同的四边形反复出现的图案会因有条理而给人安定感(照片3.25)。黑白相间的四边形方格整齐而有韵律(照片3.26)。圆形图案是将广场用同心圆和放射线组构的古典图案，它具有极大的向心性(照片3.28)。也有反复使用小圆形的图案。无论什么形状，只要是把同形，同大小的图形按直线方向排列就具有强烈的指向作用。

也有使用不规则图形的铺装创意，但这需要具有高度的创意设计能力，否则就会出现影响视觉进而打乱步行节奏等问题，很不容易成功。

重点铺装中有使用有图画的瓷砖、浮雕、广场的局部地图等具体形象的。公园等也有用大型的动物、花朵图案装饰道路、广场的，但稍不留神就有可能成为败笔。另外，设计中还经常使用欧洲及日本的传统花纹、图案。

(4) 尺 度

沥青铺装因为单调而缺少尺度感[27)]，

27) 東京大学建築学科高橋研究室：建築「スケール」講座Ⅲ.，建築形態のスケール，ディテール89，彰国社，1986

照片 3.22　使用平行线的创意
（彩色混凝土平板／东池袋中央公园，丰岛区）

照片3.23　使用曲线的创意
（横滨市）

照片3.24　使用方格的创意
（花岗岩／世田谷区）

照片3.25　使用三角形的创意
（瓷砖／新宿区）

照片 3.26　黑白格相间的创意
（黑色花岗岩与白色大理石的水磨石／世田谷区）

照片3.27　八边形的重点铺装与使用点状图形的创意
（联锁砌块、花岗岩／日本女子大学，文京区）

照片3.28　使用同心圆和放射线的创意
（瓷砖、石／町田市）

与此相反，彩色铺装的设计包括各种尺度的构成。例如用四方形水磨石板连续铺成的道路，会有一系列诸如图案的间隔、四边形大小、水磨石平板的大小、平板拼缝幅等尺度。

小尺度稠密铺装创意会给人肌理细腻的质感。当然，不同的铺装材料所包含的尺度感也不同。

作为远景的铺装创意另当别论，用人的眼睛边走边看脚下的铺装，也就能知道整个道路广场的全部情况了。所以，当所绘图形尺度与人眼观察尺度不合时，就会有从设计图上看十分有趣而施工后却索然无味的铺装出现。

照片3.29 线对称的结构
(砖、混凝土砌块／横滨市)

3.2.4 铺装创意与结构形式

铺装创意中常用的平面结构形式有以下几种：

(1) 对 称

对称分为线对称和点对称，虽然二者都给人有条不紊的印象，但点对称更有一种动态感(照片3.29)

(2) 节 奏

铺装若能给步行赋予节奏感那将是大受欢迎的。最单纯的节奏就是不断重复，比如沿道路轴线等间隔重复出现的线、四边形及其他图案。在广场上横向或纵向反复出现同形状的图案、花纹时也会产生节奏感和条理感。

(3) 层 次

图形的大小、色彩的明暗、质地的粗细、图案的密度等要素按一定层次发生变化，这种层次性不但能营造一种韵律感，还有极强的指向作用(照片3.30，3.31)。

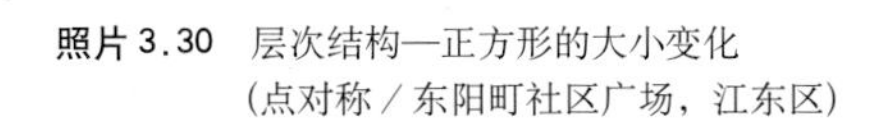

照片3.30 层次结构—正方形的大小变化
(点对称／东阳町社区广场，江东区)

照片3.31 层次结构—色相、明度按一定节奏变化
(昭和纪念公园，立川市)

3.2.5 铺装创意与功能、装饰、休闲、标识

(1) 功能、装饰

功能主义的创意在建设领域有占居主流的时期，铺装领域里一直用交通漆将速度限制、人行横道等标画出来，另外在一些彩色铺装中，用色彩、材质的变化指示、标明诸如巴士车道、步行道、自行车道或者有轨车道等交通种类，使街道各部分的使用功能清楚明白。

可是以商店区、站前广场为代表的，更加高等级铺装的彩色化，具有强化装饰要素在其中分量的倾向。这些地区的道路和广场对于生活在都市里的人们具有全新的功用，因此必须要用新的铺装设计手法清楚地表达吧。

(2) 趣味性创意

公共设施的设计中[28]，历来不注意休闲、消遣要素，铺装设计也大抵如此，但如今还是出现了一些这方面的铺装，多少让我们感到一点欣慰。趣味性铺装设计创意里有这样一些实例：①配置彩图瓷砖、金属浮雕的焦点性铺装；②体现文化内容的铺装。但趣味铺装若被定型化就没有意思了，它需要朴素的思想和智慧，当孩子们看见这类铺装时，又是喜欢地触摸，又是在上面蹦跳，成功的趣味铺装是充满童心的(照片3.32)。

照片3.32 趣味铺装（八王子市）

(3) 标 识

铺装创意有时还要承担起路标和指向标等标识的作用。如我们经常能在道路铺装上见到箭头符号和“前方距离××还有300m”等字样，还能见到将彩绘铺地砖等间隔铺装起到诱导作用的例子，有时也有在入口地方放置单体石浮雕的情况(照片3.33)。方位盘也是一种标识类型(照片3.34)。我想应将路标信息足够多地反映到铺装面上，日本的街道常有行人难以明了公共设施所在的情况，因此，今后的路面也应追求高度信息化。

照片3.33 指示入口的标识（红色花岗石浮雕／京王广场饭店，新宿区）

---

28) 特集 石と遊ぶ，ストーンテリア Vol.5, p.11-71,(株)エス出版部，1986

3.2.6 街道与铺装创意

以整个街道作为对象的城市设计手法中，如果要列举彩色铺装的作用与技法，我想应该从以下六个方面来谈。

(1) 涂画轴线

在街道上涂画出轴线，使整体景观显得整然有序，在巴黎、堪培拉等城市可以看见比较有代表性的例子。也有将相当于轴线的街道铺装用即使“远景视”也显得鲜艳的红色等涂画的技法(照片3.35)。

照片3.34 方位盘
(瓷砖、石材、金属浮雕／新宿区)

(2) 明示道路、广场、公园的系统

有一些在街上配备连接公园和广场的散步道和自行车道的手法，但这一系统有待重新认识。作为明示道路、广场、公园系统关系的方法，有时采用彩色化铺装，有时按一定间隔铺置彩绘地砖等。

(3) 使街道更富个性特征

可以使街道更富个性，视觉上也更易判断。为此，在铺装上可以采用按街道或街区逐渐改变铺装的色彩、质地，也可以在东西向街道和南北向街道上使用不同铺装材料。

(4) 强化街道景观的连续性

有一种说法认为日本的街道是不连续设计的街道，例如在商务区和商业街上可以看到，各家店铺临街面的设计五花八门。为此，可以采用铺装彩色化、设计具有统一感的铺装等强化街道景观的连续性和整体性(照片3.36)。

(5) 表现地域特性

重视地域特性，努力营造街区、道路独特魅力的行动在各地正在展开，铺装设计上也可以看到追求地域特性的迹象。地

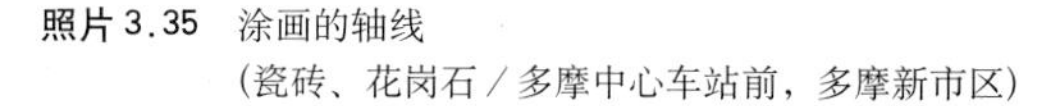

照片3.35 涂画的轴线
(瓷砖、花岗石／多摩中心车站前，多摩新市区)

照片3.36 街道景观连续性的提高(统一交叉路口周边步道的铺装／开港纪念广场前，横滨市)

域特性是由自然要素和人文要素共同构成的，表现地域特性要选取具有地域特性的要素在铺装上进行视觉性表达。

施工中正在尝试使用以下技法：①地域材料即在当地广泛使用的石质铺装材料[29]、烧制铺装材料等；②地域特色浓郁的色彩，如特产果品和花卉的颜色在铺装上的使用；③铺装色采用与特色街区色调同系列的颜色；④铺装设计中引入当地传统工艺品的设计内容；⑤将地域特色要素以绘画的形式表现在单体铺装的彩绘砖、

照片3.37 地域特性的表现
（将马车道的历史画在铺地砖上 ／横滨市）

浮雕上面，包括历史事项、祭礼、以当地为场景的歌词意境内容、特色建筑、自然景观和动植物。采用技法⑤的铺装，宛如街区中的明信片一样，生动而有趣（照片3.37）。

（6） 创造具有日本风格的铺装

现代的铺装材料大部分都是大量工厂化生产的产品，在世界各地都使用着同样的铺装材料，因此，在日本能见到的铺装设计在国外也经常能看到。商务办公区和

照片 3.38 日本风格的创意
（江东区）

照片 3.39 日本风格的创意
（世田谷区）

照片 3.40 日本风格的创意
（新宿区）

29） 小林章ほか：京都における造園用石材の地域性の研究，造園雑誌 47（3），p.154-170，1984

商业街也许需要世界大同的铺装吧，但彩色化铺装如果蔓延到日本以一家一户为单位建筑的住宅区，那就很有必要探讨一下什么是更符合日本人感觉和心理的铺装设计了。具有日本特色的铺装可以说也是今后的一项重要课题吧，现在也有一些这方面的尝试，比如采用日本传统的花纹图案[30]、日本传统的石铺地面等，所有这些都是“近景视”的设计（照片3.38～3.40）。

3.3　铺装材料的确定

一说到铺装，人们似乎更容易联想到的是车道的铺装，并且会想到沥青合成材料及混凝土等等。但是只为步行者进行的铺装不光要考虑使用功能上的特点，还要考虑铺装如何与周边环境协调、铺装后的景观变化、铺装与街区的关系等问题，在此基础上才能确定使用何种材料进行铺装。也正因如此，才使得今天的铺装材料种类繁多，五光十色。

3.3.1　确定铺装材料的标准

铺装材料要具有一定的荷重强度，并能将荷重向下层传递，同时还要有平滑、耐久等特点，因此，铺装设计的基本思路是大同小异的。

对步行者使用的铺装而言，交通量和道路功能等不会成为确定铺装材料的最重要因素，而是否与周围环境空间、建筑物协调，构造物的配置及空间功能等成为确定材料时考虑的中心。选定的材料若能在步行性、耐久性、经济性、施工可能性等方面都令人满意，那就可以决定适合这种铺装材料的断面结构了。

确定铺装材料的种类的程序如下：

①　在进行铺装设计时，理解铺装的目的是最重要的，根据铺装使用者人流、对利用形式的预测、行人行走速度、交通量、主要使用者(如是否以儿童为主要使用者等等)、周边环境等来给铺装空间定位。

②　铺装仅供步行者使用，还是同时作停车场使用，是否有轻型货运车通过，维护管理绿地、树木的车辆能否进入，铺装要根据交通种类进行周密研究，然后才能确定设计荷重、铺装材料的必要厚度等。

③　对铺装场所的地形、地质、地下水位等进行详细的调查和实验，明确当地的气象条件、自然环境特点。

④　铺装的表面材料是在铺装面创意设计的基础上进行确定，因此，一定要熟悉材料的质感、形状、色彩、施工方法等

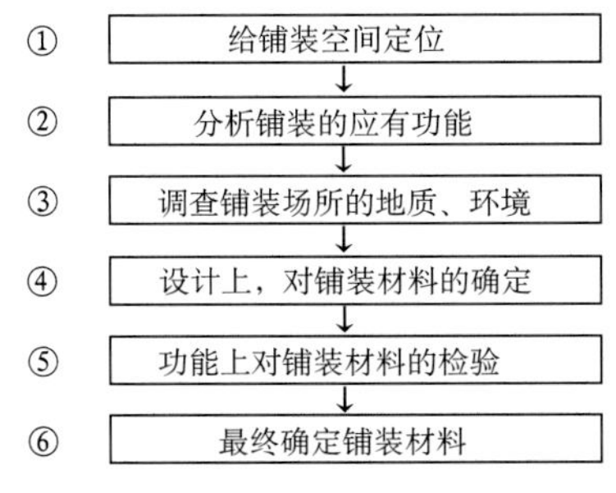

图3.9　确定铺装材料的流程图

30）小林章：路地の細部意匠としての砂紋，昭和56年度日本造園学会秋季大会研究発表要旨，p.8-9

特征。

⑤ 对选定的铺装材料要进行耐久性、耐候性、步行性、施工性、经济性方面的认真检验。

⑥ 决定与铺装材料和交通功能相适应的铺装断面结构。

按上述程序就可以确定铺装材料了，对步行者使用的铺装材料，一定要用不 同于车行道铺装材料的标准去评价，好的铺装材料应满足下述条件：

① 耐久性　铺装材料是根据铺装用途、面积、环境、设计等因素确定的，但材质和结构上一定要有一定的负荷能力。

② 耐候性　要用适于当地地形、地质及气象条件的材质，还能保持材料原始的色彩、光泽，不能出现材质的消极变化。

③ 步行性　步行者使用的铺装，首先要有良好的弹性，还要有不易脏，不令人反感等特点。

④ 安全性　要用不易滑的材质，但也要尽量避免使用凹凸程度大的不安全材质。

⑤ 施工性　要用施工简便、价格经济的材料，另外还要修补方便。

3.3.2 耐久性

道路和广场因以步行使用为中心不可能会有太大负荷，但有时有的地方可能会成为进入停车场的通道，或者是搬运小型货物、维护树木绿地的轻型车辆也有可能使用铺装面，所以，一定要在小规模交通使用的条件下讨论铺装的结构和耐久性。

作为表示材料耐久性的方法，一般要进行压缩强度试验和挠曲强度试验，然后根据各种材料的数值去做相应判定。关于混凝土平板的耐久性，虽然在JIS A 5034里规定了强度试验的方法，但现在尚没有统一的基准值。而且，实际当中材料的耐久性也不是单凭强度可以判定的，铺装结构、基础厚度、路床强度等各种因素都影响铺装的耐久性。因此，我们期待一种在一定条件下在包括基础在内的铺装结构中进行实现确定耐久性的方法。

在思考铺装材料耐久性的时候，我们可以反过来去调查铺装材料的被破坏状况，并据此检讨其耐久性。

铺装材料破损原因主要有；

① 材料自身的原因。

② 包括路床、基础在内的施工的问题。

③ 没有正确地使用铺装材料。

对于第一种原因，二次制品材料和现场施工材料的破损原因是不同的。对于二次制品型材料而言，材料材质的缺陷、制品厚度，宽度尺寸不对等质量无保证的制品易破损。另外，像多层铺装的材料、制成后又进行了二次加工的材料等结构、工程原因也会使铺装材料破损。对于现场施工型材料来说，如混合时温度不足、配合量离规定太远、施工时雨雪天气的影响、施工方法失当等都是形成铺装材料破损的原因。

对于第二种原因，比如打基础不充分引起不等高沉降引发铺装破损，基础软弱引发铺装破损是因为压路机未能将基础压密实使路面出现了小裂缝。另外，铺装材料下面的砂床厚度不合适也会引发诸如铺装面出现凹凸、裂缝并使破损增大等。还有，人们经常在铺装面上设置拼缝，拼缝间隔不合理、拼缝宽度及拼缝材料材质不适当等，可能会引起整个铺装面的膨胀和收缩，因而导致整个铺装面鼓起、拼缝以外地方破裂等现象。

对于第三种原因，多是由于超过设计荷载车辆的进入，座椅、自动售货机的局部性重压，货物搬运中落下冲击力过大等原因损坏铺装材料。另外树木根茎在地下的伸长也会向上顶挤铺装面使之出现裂缝。还有，寒冷地区冻土突起、没考虑冻害等因素使用了不适当的材料等都会出现铺装破损。

就像我们一进行破坏程度调查就能明白一样，耐久性不能只依据强度实验结果判定，从铺装场所的环境、使用状况等多方面进行综合的探讨然后再选择是十分必要的。

试验检测材料耐久性的时候，一定要能够针对不同材质选用不同方法。各种施工方法中，对均匀摊铺法多参照《沥青铺装纲要》，对浇注法多参照《混凝土铺装纲要》的标准进行实验。对涂装和砌块施工法还没有制定JIS规范，还在使用另外的一些试验方法来检验各种物理性质。表3.3是经常使用的一些实验方法。除此之外也还有使用美国ASTM标准的。

表3.3 经常使用的实验方法(JIS)

试验方法	涂装方法	砌块施工法
压缩强度	R 5201	R 1205
挠曲强度	K 7203 R 5201	A 5209 A 5210 A 5304 A 5415
吸水率	K 6911	A 1110 R 1250
抗滑性	A 1407 K 6911	A 1407 ASTM E 303-69 T
耐候性	A 6909 K 5400	A 1410 A 1415 ASTM D 529-68
磨耗减量	K 5665 K 7204	A 1451 A 5209 K 7205
耐冲击性	K 5400 K 7211 K 6911	A 1420 A 5403 A 5415
冻结融解	——	A 5209
附着强度	A 6909 建研式粘结力试验机	——
透水性	——	A 6910

3.3.3 耐候性

铺装材料的耐候性是指它对铺装材料表面因紫外线照射老化、褪色，或者冻融作用导致的材质变化等气象条件引发的物理、化学变化具有抵抗作用。

对于铺装材料的耐候性要用促进耐候性试验来检验，就是人为施加光、热、水等气象条件促使材料表面发生变化，以此判定其耐候性。另外，寒冷地区反复的冻融作用会破坏材质，因此循环施加冻结、融解，在短时间内掌握抗冻融的能力的实验叫冻融试验。对冻融作用影响最大的是材料的孔隙度和吸水率，特别是吸水性强的材料，在铺装排水不畅易积水的地方，冬夜极易出现冻害损坏。

铺装材料表面颜色若是材料本色是较不容易褪色的，但着色及特殊树脂处理上色的材料表面容易发生变色、光泽消失等现象。变色的原因除紫外线照射外，还有像磨损、污秽等。容易脏的材质也与铺装面形状有关。测定色彩变化时使用色表(JIS Z 8721)等进行。

3.3.4 步行性

对于步行者而言，好的铺装应满足这样一些条件：有弹性、不易滑、阻力小，表面平整少凹凸。

为了便于排水，铺装一般按1%～2%的坡度施工，而倾斜面会让人行走不舒适。通常多是在考虑道路走向和设计创意要求的基础上决定排水方向。表面打磨过或瓷砖类材料在雨天会变得很滑，因此在使用这些材料时要很好地考虑拼缝、图案的防滑作用。透水性铺装有可能进行平坦施工，而且降雨时也不易使路面积水，因而最近被广为使用。

二次制品铺装的下面都有砂床层，它起到缓冲对足底的冲击的作用，但更重要的是为了使铺装面平坦，就弹性而言，还是沥青混合物类的效果好。另外，由于材质的原因，有时可能会出现诸如高跟鞋后跟陷入拼接缝，凹凸表面绊腿等问题。

铺装材料的色彩有时也对步行性有影响，夏天白色系铺装材料反射日光强烈，黑色铺装材料吸热性强，路面会变得烫脚，这些都对行人构成消极影响。

测定平坦程度，可以用平整度测绘仪在铺装后的整饰面上进行平坦性试验。平整度测绘仪以3m长为标准，由基准车轮、测定车轮及记录器构成，从记录纸上可以读出每间隔1.5m的偏差值，标准偏差用下式求出：

$$\sigma = \frac{\bar{R}}{d_2}$$

式中 d_2：由在一组内测定地点数大小决定的常数；

$\bar{R}$：测定范围的平均值。

表3.4 测定次数决定的常数

组的大小	d_2
6	2.53
7	2.70
8	2.85
9	2.97
10	3.08

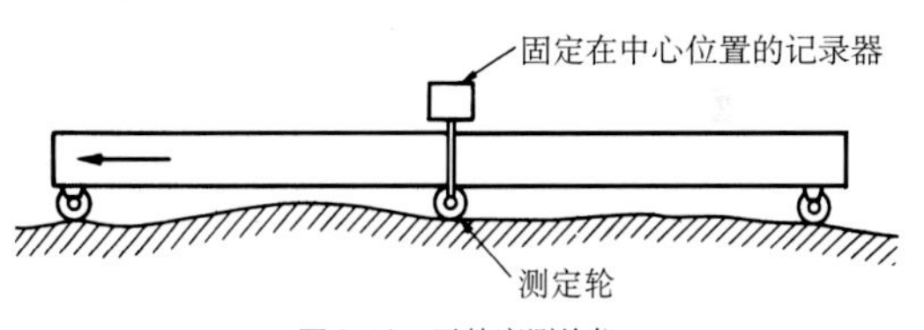

图3.10 平整度测绘仪

3.3.5 安全性

铺装材料的易滑与否是影响安全性的最大问题，而且，与处于干燥状态时相比，被雨水淋湿后会变得更滑。因此，有时对表面作一些处理，如加工出纹路、轻微的凹凸来防滑。但在积雪地区，雪填充在纹路间并被踩踏紧实之后即使在中午气温最高时也不溶化，这时反而更加易滑，防滑的纹路反而成了让路面变得更光滑的罪魁祸首。为了增加抗滑性，有时对表面进行细致的加工，如使用铁粒的冲击力对表面进行粒面化整饰、用凿石锤敲打整饰等。

滑度测定多使用轻便测试仪，将测得的数据(BPN)换算成摩擦系数时用下面的式子：

$$BPN=\frac{300k\mu}{3+\mu}$$

式中，k:修正系数；μ:摩擦系数．k在1.08～1.13间取值，表3.5是换算表。

表3.5 μ与BPN的换算法

μ	BPN
0	0
0.1	11
0.2	21
0.3	30
0.4	39
0.5	47
0.6	55
0.7	62
0.8	69
0.9	76
1.0	83
1.3	100

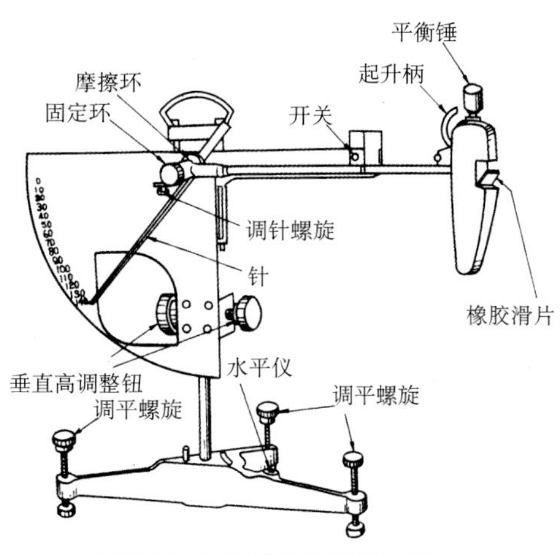

图3.11 轻便式抗滑试验器的构造

3.3.6 施工性

如果铺装面面积较大，铺装工法和均匀摊铺施工法能够比较迅速而且均一地进行施工，砌块施工比较费时费力，而且由于施工者技术等原因铺装效果会有不同，但好处是修补容易。

3.4 铺装的设计

3.4.1 断面与结构

人行道铺装与车行道铺装的最大不同不仅是荷载较小，铺装表层材料的多样化也是一大区别。若按一般道路标准设计步行道、广场铺装，就会出现结构过大的问题。

目前还没有明确的一般性步行道设计标准，《沥青铺装纲要》中有如下的铺装标准：

① 表层平坦，使用具有对步行的耐磨损性和耐压性的不易滑材料；

② 路基使用7～8cm碎石和10cm的碎石；

③ 为了排水方便，横断面要有2%～3%的坡度。

但步行铺装不仅只供行人使用，广场等地管理使用轻型车辆的通行也要被考虑在内，因此，广场等地铺装的设计标准与单纯行人使用的地方又有所不同。

道路铺装的设计是要使铺装整体结构具有一定承重厚度和力学上平衡稳定，行人使用的铺装表层负荷较小且使用多种材料铺成，因此，铺装结构要与材料特性适应。行人使用的铺装的标准结构与一般道路铺装相同，也是由表层、基础层和路基组成，铺装整体由路床支撑，同理，与一般

道路一样，路床土层条件对铺装结构具有很大影响(图 3.12)

路床指铺装层以下1m厚度范围,路床土层的性质与铺装结构、采取何种对策防止冻土突起等问题有极大的关系，所以事前一定要进行土质调查、土质试验(表 3.6)。路床原原本本地使用现场土层的情况也有，但是，设计 CBR 小于 2 的软土层要用优质材料来置换(置换施工法)才行，填加水泥、石灰改良(稳定处理施工法)路床，重新塑造路床。另外，为了防止地下水位上升侵蚀路基，有时需在路基下设15～30cm隔断层(砂层)，这也作为路床的一部分来看待。

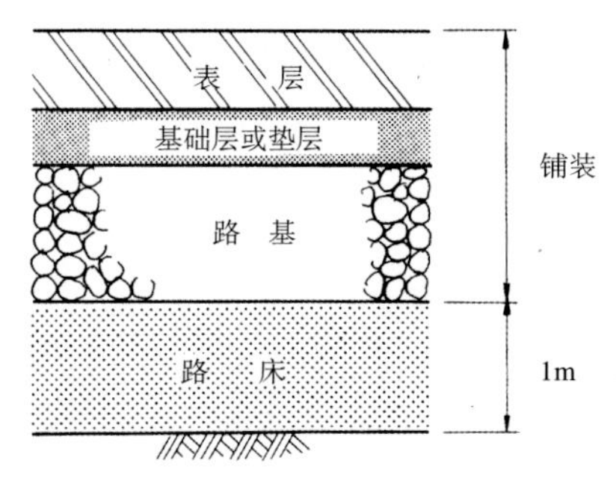

图 3.12 普通铺装的结构

路基具有分散荷重并向下传递给路床,但路基本身没有太大的支撑力的话,就会出现铺装面下沉、表层无法传递分散压力等问题，因此，一般都以耐久性强的碎石、灰土来做成路基。

基础层主要见于挠性铺装的设计上，步行使用的铺装因负荷小无须铺基础层。但涂装施工时因表层过于薄弱,基层要用沥青混合材、混凝土等制成。另外,在使用二次制品材料进行铺装时，为了维持表层平整，要在表层下铺设垫层。垫层材料用砂和灰泥。瓷质、炻质材料与基础层间用灰浆粘结。

3.4.2 设 计

(1) CBR试验

铺装设计上，路床土的性质十分重要,CBR试验就是一种判定土体性质的方法。这个试验被叫做“路床土支持力比试验”,不但是路床,路基也可用此试验判定其支持力。CBR试验是将劣质的试验体用

表 3.6 土质试验的内容

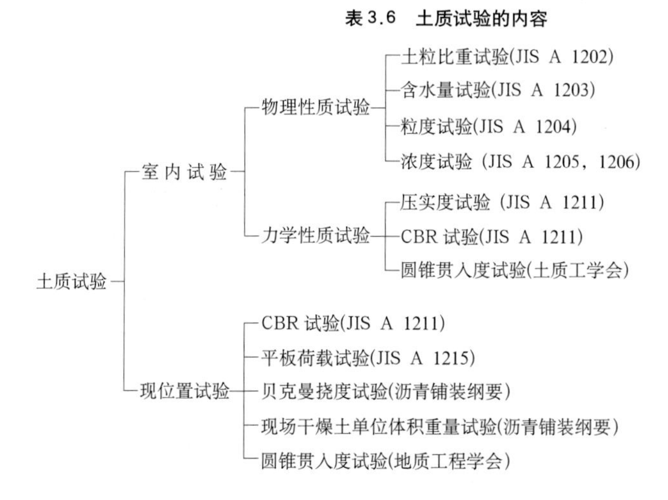

表3.7 计算设计CBR时使用的系数

个 数(n)	2	3	4	5	6	7	8	9	10以上
d_2	1.41	1.91	2.24	2.48	2.67	2.83	2.96	3.08	3.18

水浸泡4天后开始进行，从而检验路基、路床在最差状态下的性质。

路床土体的CBR叫做设计CBR，用下式求出：

$$设计CBR=各地点CBR的平均值-\frac{(CBR最大值-CBR最小值)}{d_2}$$

其中，d_2：系数(见表3.7)。

设计CBR小于2的是松软路床，设计CBR小于2.5的路床要考虑设隔离层等加以保护。

用矿渣、碎石、砂等作为路基，这些材料的强度也同样可以用CBR试验测定，其结果表示为修正CBR。

O·J·Porter[31]给出的CBR值与土体的关系如图3.13所示。

(2) 负 荷

铺装承受的负荷主要来自于鞋跟、自行车及长椅等，像车辆那样具极强冲击作用的负荷还是很少的。但是，由于材料的水分、温度变化会引发水平方向的挤压力、拉伸力，铺装板表面与里面的温差、路基体积变化也会引发一系列应力变化。确

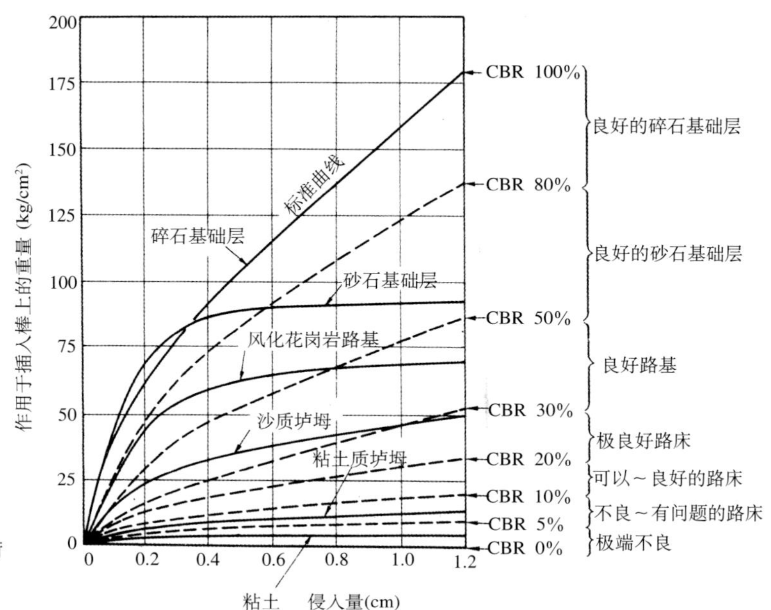

图3.13 O·J·Porter的负荷—插入量曲线

31) O.J.Porter:Development of the Original Method for Highway Design,Transactions of the ASCE,vol.115,p.463,1950.

定铺装负荷不可能将这些所有应力计算在内，一般使用路基最低必要厚度、设计轮负荷 p=0.7t 等指标，若有管理用车辆要通过铺装，就采用最小车道基准(L 交通：大型车交通量<100 台／日)，设计轮负荷 p=1t(大型车交通量<50 台／日）等，依据具体情况、考虑交通条件来进行设计。但现实中常参照过去实例的破损状况经验性地决定铺装的厚度。

(3) 排 水

为了使行人能在雨天也安全、舒适地行走，铺装上采用了多种排水方法。最近，为了涵养地下水源和补给树木需水，通过透水性铺装将过去一直在白白流进下水道的雨水渗入地下的作法逐渐多起来了。

影响铺装的水主要是：①在铺装面上流动的或从邻接地区流入的表面水；②沿土体孔隙由地下水面上升而来的毛细水及沿铺装裂缝、接缝下渗而来的重力水；③铺装下面的地下水。这些水以各种形式影响铺装结构，特别是沥青铺装还会因水的作用而出现材料分离等。另外，积存在路基里的水分能降低它的支持力，水分还会催生冬天的冻土突起。因此，对水的分析、处理直接影响铺装的寿命。

① 表面排水　铺装表面水沿路面坡向流淌，然后通过侧沟、暗沟等排出，对于步行者来说大面积、大坡度的坡面铺装必然会影响使用，因此，排水坡度多是以2%为中心在1.5%～2.5%之间。在使用二次制品材料进行的铺装中不太重视排水方向和坡度，多根据行人的使用方向和铺装设计决定排水方向，但粘土铺装等土质铺装表面纵向流水距离一长就会出现侵蚀路面的现象，因此，这类铺装道路要以道路中央为中心向两侧倾斜实现横向排水。

② 路基排水　路基里的水几乎都以重力水和毛细管水的状态存在，为此，常用降低地下水位防止毛细管水上升、铺设隔离层(砂层)等手段排水。另外，有时铺装边缘会有整体浸水的地方，接近

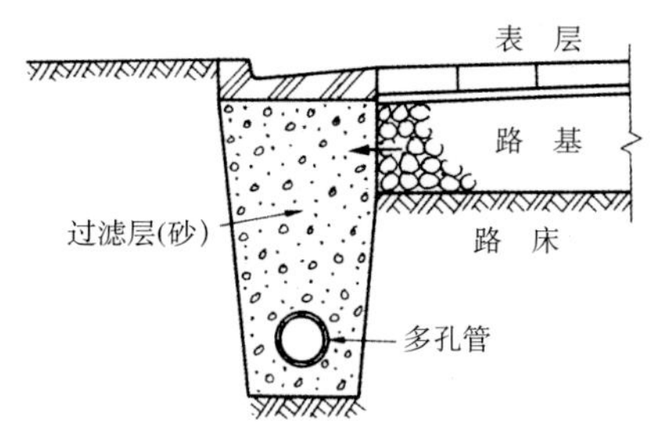

图 3.14 路基排水的一个例子

排水口的地方也有路基整体处于水饱合状态的情况，针对这些情况可以通过采用透水性材料、采用倾斜路基及安装排水管等方法实现排水(图 3.14)。

使用了透水性铺装及透水性砌块的时候，从表层浸透下来的水通过砂床进入路基，进入路床，最后进入地下的水量取决于路基的孔隙率和表层材料的保水能力。路基中的水分应能尽快排出，如图 3.15 所

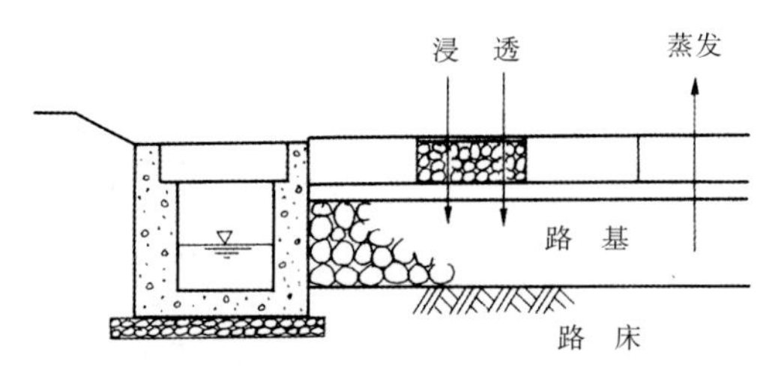

除表面蒸发外再没有其他排水方式

图 3.15 路基无法排水的事例

示，铺装边缘的路边石、侧沟等可能会影响路基的排水，并因此影响铺装的使用效果和寿命。

③ 地下水排水　　周边地下水位上升等会使道路铺装下面存水，这将使路床变得松软，为了防止出现类似情况，常使用将地下水隔断在铺装外、用排水管、暗沟

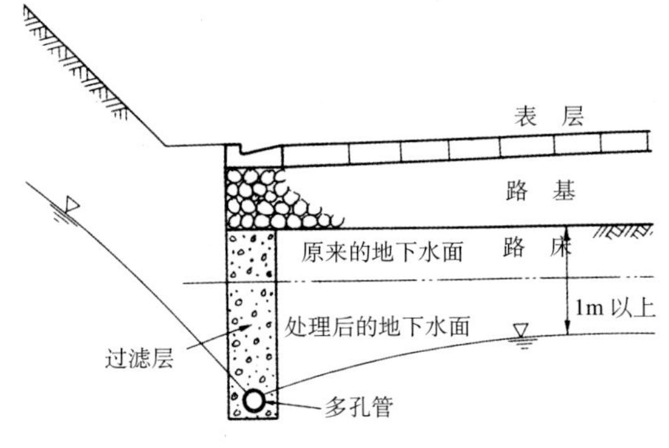

图3.16 降低地下水位施工方法一例

降低地下水位等方法。降低地下水位是十分艰巨的工作，据称如果降低1m就有效果（图3.16）。

（4） 冻结深度

积雪寒冷地区的气温一降到0℃以下，土体中就会有水分的冻结现象，结成的冰体积增大膨胀，继续增大还会引起地面的隆起，这就形成了所谓的“冻土突起”。冻土突起是个破坏力极大的问题，不但在北海道、东北地方的积雪地区有此现象，就是在温暖地区的山岳地带也会发生这个问题。

冻融作用破坏铺装的情况分两种类型，一种情况是路基冻结、路面隆起使铺装出现龟裂及凹凸；另一种情况是路床土层的毛细管水充足的话冰层就会十分发育，春天融雪期冰层融化后，土层由于处在水分饱和状态丧失支持力而最终导致铺装破坏。步道铺装材料吸水性强的话会因表层冻结而出现损坏。

冻土突起现象是在土质、温度、地下水等因素都具备了的情况下才发生的，因此，只要改变了上述因素的一种，突起破坏就不会发生。

防止冻土突起的对策主要有以下一些施工方法：

① 降低地下水位法　　在地下水位高、涌水多的地方，要降低水位，极力防止地下水升高。

② 置换施工法　　用难冻结材料置换易冻结的土体。

③ 隔水施工法　　在路床土体中加入防水纸、维尼龙沥青薄板等隔水层，防止地下水位上升。

④ 隔热施工法　　在路基中设隔热层，减少路床降温幅度。

⑤ 稳定处理施工法　　在易发生冻土突起的地方，用水泥、石灰混合物改变土体性质，防止发生破坏。

⑥ 药剂处理施工法　　用化学药剂处理土体，以降低其冻结温度。

⑦ 冬季用水温较高的地下水冲铺装面，防止冻结。

选取何种施工法，一定要根据铺装场所的条件和铺装种类来决定。另外，行人使用的铺装在表层和路基较薄时也易发生冻土突起。多积雪地区，人们总是将步行道上的积雪全部扫掉，其时，铺装表面上的残留积雪也能发挥隔热层的作用，起到减少冻土突起发生范围的效果。但积雪路面的

安全性低，所以不是一个可以依赖的方法。作为防止步行道铺装受冻土突起破坏的手段，实际中经常使用置换施工法。我们必须根据路床土体的土质条件、地下水位状况、冻结深度及积雪量等因素制定实施切合实际的防止冻融作用破坏铺装。

铺装冻结的深度除受土质、地下水位影响，还与日照量、气温或铺装种类、材质、色彩等因素有关，一般可根据当地10年内最大冻结深度来判定。如果知道当地冻结深度可以拿来就用，但不甚明了的时候可在2月下旬进行挖孔调查，能够确认的孔壁面的冰晶的深度就是冻结深度。另外，用气温测定值推求冻结深度时可使用下面的公式：

$$z=c\sqrt{F}$$

式中，z：冻结深度(cm)；

c：常数；

F：冻结指数(℃·日)。

常数 c 的值根据路面条件决定，日照少、淤泥多、土壤排水差的地方 $c=5$，条件好的地方用 $c=3$ 就行。冻结指数需查对最近10年间最大冻结指数表求得，各地的冻结指数在《沥青铺装纲要》里都可查到。

（5） 伸缩缝

混凝土铺装及以混凝土铺装为基底的铺装，比如陶砖铺装，是用砂浆来拼缝的，因温度或湿度变化，铺装材可能会发生翘曲或伸缩，并可能引起铺装的破裂、剥离。因此有必要在铺装上间隔设计伸缩缝。

伸缩缝的种类有三种，有平行于道路中心线的纵向伸缩缝，与中心线垂直的横向伸缩缝，施工上必须的施工伸缩缝。伸缩缝能有效防止材料的收缩、膨胀和翘曲，它的间隔依据铺装板与路基的摩擦系数、铺装板单位长度的重量、混凝土等材料的压缩强度、拉伸强度及铺装板面积等计算。

伸缩缝的材料分为伸缩缝板材和注入

表3.8 伸缩缝板材品质试验结果一例

填缝板的种类 试验项目	木材系(杉板)	橡胶海绵，树脂发泡系	沥青纤维系	沥青系
压缩应力(kg/cm²)	64～310	1.1～5.1	20～102	9～58
复原率(%)	58～74	93～100	65～72	50～64
出露(mm)	1.4～5.6	1.5～4.6	1.0～3.7	50～61
弯曲刚性(kg)	14～41	0～4.8	0.2～3.2	0.2～4.9

表3.9 注入式伸缩缝材料的品质标准

试验项目	加热施工法	常温施工法
不粘合时间		3小时以内
针入度(圆锥针)	6mm以下	
弹性(球针)		插入度0.05～0.20cm 复原率75%以上
流动	5mm以下	0mm，另外，不能出现裂缝及下沉
拉伸量	3mm以上	15mm以上

式伸缩缝材料两种，伸缩缝板材包括木材类、树脂发泡体类、沥青纤维质类、沥青质类。注入式材料有加热施工式和常温施工式两种，因各有所长需进行试验选定。表3.8、表3.9显示了材料品质的一个例子。

资 料 编

铺装的历史(简略年表)

公元前500～600年

巴比伦用砖和沥青铺设了街道,其上放置石灰岩板(被认为是最早开始使用沥青的铺装)。

公元前312年

阿比亚街道(罗马～卡普阿之间)修成。据此开始修整罗马的道路网,主要道路是在一种碎石、砂、石灰、火山土混成的混凝土上铺置石材。

79年

庞贝古城被火山灰埋没,1860年开始的发掘工作使我们能基本全面正确地了解了庞贝古城当年的样子。

476年

西罗马帝国灭亡,据说此时罗马道路的总里程,1级道路可绕地球赤道两周,2级道路可绕赤道8周。

646年

(日本)畿内七道制度及驿站制度诞生。

800年

查理大帝对罗马道路进行了修复,但绝大多数路段依然荒弃。

1604年

(日本)幕府指定五街道,进行一里标志、街道树及砂子的道路整备。

1680年

在(日本)东海道箱根出现了石铺道路。

1738年

在(日本)京都与大津间出现了通车目的的石质铺装。

1775～1815年

使用碎石的铺装法出现,欧洲开始建设铺装道路。

1854年

巴黎出现石沥青铺装街道(近代沥青铺装开始)。

1876年

(日本)完成银座大街和英国使馆前的砖铺装。

1878年

(日本)用秋田的土沥青完成了神田昌平桥的铺装(日本沥青铺装开始)。

1892年

汽油汽车问世,从此沥青铺装开始增多。

1910年

(日本)开始用混凝土、沥青及木块铺装大城市的干线道路。

1912年

(日本)针对汽车交通的增长,作为国家资助工程在东京市内各地开展了多种试验。

1918年

(日本)大阪心齐街完成了细粒沥青混合物铺装。

1919年

(日本)制定了道路构造令和街路构造令。

1921年

荷兰出现自行车道。

1924年

(日本)铺装了明治神宫外苑的主要道路(车行道43000m^2,人行道21400m^2),并栽植了银杏街道树(开始在日本的公园内铺装)。

1930年

(日本)内务省土木局制定了《水泥混凝土铺装的标准规范》。

德国出现步行购物街。

1935年

(日本)制定了铺装用沥青的统一规格(日本标准规格第173号石油制品第21条)。

1947年

(日本)设立日本道路协会。

1949年

荷兰阿姆斯特丹。作为步行路铺装首次使用了脱色沥青(白)。

1950年

(日本)发布《沥青铺装纲要》。

1954年

法国设计出半刚性路面铺装(半刚性铺装)。

1956年

(日本)为建设高速公路而招聘的以拉尔福·J·瓦特肯斯为团长的调查团调查了日本的道路情况。报告认为"作为工业国道路却如此之差是绝无仅有的"。

1961年

(日本)长冈首次完成具有消雪管的铺装道路。

1964年

(日本)在银座大街人行道施工完成砖色的脱色沥青铺装。是年发布《简易铺装纲要》,铺装开始适应汽车交通增加的现实。

1967年

美国明尼阿波利斯出现最早的通行防波堤。

1970年

(大阪万国博览会举行)

(日本)各种彩色铺装(半刚性彩色铺装、脱色沥青铺装等)在万博会场大规模使用。(日本)因为1970年的安保条约引发学生运动,因过激派将步行道上的平板作为投石使用,故将全国的人行道改为沥青铺装。

1972年

荷兰诞生步车共存道路。

(日本)日本最早的步行购物街在旭川出现。

1973年

(日本)东京、大阪的公园、人行道开始采用透水性铺装。

1979年

在《朝日新闻》社举办的"都市与道路",国际研讨会上,荷兰代尔夫特市城市规划局局长介绍了步车共存道路的概念和实施情况。

1980年

(日本)大阪初建社区道路。

(日本)宫城县初建步车共存道路。

1982年

(日本)挂川市用扁柏间伐材制成木砖铺装了主干街步道。随后轻井沢町用台风吹倒的红松实施了木砖铺装。

1984年

(日本)东京迪斯尼乐园实施了全部彩色铺装。

1985年

(筑波科学万博会举行)

(日本)透水性彩色铺装及人工草坪铺装与新的尝试出现在科学万博会的会场。

用语集

连拱廊

为了更安全舒适的考虑，在购物街等地建起顶棚，使之成为有拱顶的走道。分为覆盖全部路面的类型和只为两侧路边遮荫的类型。

沥青铺装

使用石油沥青及天然沥青的铺装的总称。最常见的以碎石、砂和石粉为骨料将沥青混凝土铺装在表层的形式。作为彩色铺装基础层使用的时候也较多。

图像驼峰

在十字路口之前通过改变铺装表面色调使路面看起来好像凹凸不平的样子，以此收到令车速降低之效果的东西。

街道树

为了提高道路景观及创造舒适而有情趣的道路空间而栽植的树木。日本的行道树中数量最多的是银杏，据说有30万株左右。其实日本最初使用的行道树并非银杏而是刺槐。

基础层

——→路床·路基·表层

橡胶绝缘软电缆系统

为了确保安全舒适的步行空间，提高城市防灾能力和美化景观，促进电线类进入地下，并以此应对高度信息化社会的网络系统。地下的电缆箱又被称为“迷你共同沟”。

尽头回车道

为了限制通过住宅区等地的交通行为，将区内道路设计为到此为止状态的手法。

防滑条

为了防滑，在混凝土铺装、沥青铺装的表面作成很多沟痕的施工法。分为纵向防滑条和横向防滑条。

社区道路

能够防止过境交通通过生活地域，能够实现地区中必要的汽车交通和行人、自行车共存，并且以创造亲切自然、富有情趣的步车共存为目的的道路。社区道路是作为建设省补助事业来实施的。

社区市场

与单纯买卖商品的购物街不同，它是富有文化味、人情味的社区内的商业空间。中小企业厅作出社区市场的构想后在全国指定了一些示范地区，并资助了示范地区对本地社区市场的构想、策划工作。

混凝土铺装

将混凝土预制板铺装在表层。有加入钢筋和无钢筋两种类型。沥青铺装以1cm为基本施工单位，因此对轻交通来讲更经济，而混凝土铺装以10cm为基本施工单位，耐久性大，因而用它铺设重交通道路更经济。也常有作为彩色铺装基础层使用的时候。

标识

道路、广场中像路标、告示牌这样的信息提供装置，其设计要注意与景观的协调。

CBR试验

CBR试验包括路床土体的设计、CBR试验和表示粒状路基材料强度的修正

CBR试验。该试验是一种侵入实验，CBR值是用与标准值的百分比表示的。

金钢砂喷出

将砂、钢粒高速喷出铺装，因此而被称为金钢砂喷装。在钢板上进行涂装前常用此法去锈，铺装上常用此法剥离表面上软弱的部分，制成具有特殊视觉效果表面及粗面防滑表面。

街道附属设施

设置在道路空间中、方便休息和提供信息的装置。在日本主要有垃圾箱、烟灰缸、长椅、电话亭等。

挠性铺装与刚性铺装

一般将沥青铺装作为挠性铺装，将混凝土铺装作为刚性铺装来看待。从理论上来说，挠性铺装应是从路床到表层具有较一致的强度特点、铺装整体承重的结构，而刚性铺装是表层具有比路基大许多的刚性、主要由表层来承重的结构。

无阻碍步行距离

表示道路易行特点的一个指标。人能毫无疲劳感地走出的最大距离是受到诸如路面状态、周围环境、拥挤程度、天气等因素影响的。据说易行道路的行走距离一般在500～700m之间。

粘合材料

指在铺装中像沥青、混凝土砂浆中的水泥这样的起到维系混合物成一整体作用的材料。经常使用的粘合材料还有丙烯酸类树脂、乳胶树脂、聚氨基甲酸酯树脂和环氧树脂等。

减速带

在社区道路等的车道铺装上作出一些隆起，迫使汽车减速的装置。

无障碍装置

为了照顾老人、儿童及残疾人的通行使用而设置的装置，包括栏杆、盲道、发生信号等。

带顶购物广场

在建筑物的院内或小巷上架设顶棚作成车辆不得通行的安全舒适的购物场所。18～19世纪曾流行于伦敦、巴黎等地。现在也是以德国为中心的地区的现代购物街之形式。

边石

铺装边缘及步行道与车行道间使用的边界石。很多时候使用何种材料、色调的边界石材是铺装设计的一个关键问题。

街心公园

是指与马路、广场邻接设置的小公园，是一种具备了最小限度设施如长椅、简单游憩设施的空间。

步车分离与步车共存

步车分离是指为了确保步行者安全及汽车交通的顺畅将道路分为步行道和车行道的作法和状态。与此对应，像社区道路等处通过使汽车低速行驶，保证行人也能安全使用同一道路的作法与状态就叫步车共存。

庭园化生活区

步车共存道路的一种形态，1970年第一次在荷兰作为一种交通安全措施出现。对日本社区道路的出现发生了极大影响。

铺装接缝

铺摆石材、地砖等二次制品铺装材料时出现的接缝叫铺装接缝，另外，为防止混凝土铺装因膨胀、收缩出现裂缝和剥离，事先在铺装面上作伸缩缝。混凝土铺装中有膨胀缝、收缩缝和施工缝。

步行街

“mall”在英语中是“浓荫散步道”之意，一般来讲是指具有舒适、安全的步行空间的购物街。它分为三种类型：无拱顶的开放步行街，全拱顶的封闭步行街，只在步车分离道路的步行道上设拱顶的步行街。

路床、路基、表层

是铺装结构的名称。路床是作为决定铺装厚度的基础的土体部分，在运动场铺装中也被称作基础。路基是分散表层负荷并将负荷传递到路床上去的层面，常用碎石、砂石及碎石、砂石的稳定化处理制品作路基材料。表层是路面的最上层面，一般是指沥青混合物层及混凝土层。但是，人行铺装和运动场铺装使用的材料非常多，与这些称为表层的东西相对应，将其下的沥青混合物及混凝土层称为基础(垫层、找平层)。

相关技术标准、准则

①沥青铺装纲要　日本道路协会
②水泥混凝土铺装要览　日本道路协会
③简易铺装纲要　日本道路协会
④透水性铺装手册　日本道路建设业协会
⑤道路用语事典　日本道路协会
⑥造园设施标准设计图集(昭和57年)　住宅·都市整备公司
⑦沥青铺装工程通用施工细则解说　日本道路协会
⑧住宅团地户外设施设计资料　日本住宅协会
⑨连锁砌块铺装设计便览　连锁铺装协会
⑩户外体育设施建设指针　日本体育设施协会户外体育设施分会
⑪道路土工－施工准则　日本道路协会
⑫道路土工－土质调查准则　日本道路协会
⑬道路土工－排水沟准则　日本道路协会
⑭导盲用铺装准则　日本道路协会
⑮城市公园技术标准解说书　日本公园绿地协会

铺装与栽植

栽植是现代道路、广场建设不可或缺的重要因素，即使在购物街的规划设计中，撤去一直以来的拱顶让阳光、雨雪进入空间并且增加栽植的情况也越来越多。但是，铺装与栽植在技术上还存在许多结合难点，在此略作简述。

（1） 路床土体与根系

根系是对植物地下部分的总称，具有吸收水分、营养，进行呼吸及支撑植物体等功能。一般来讲，表土层越厚根系越深，表土层薄根系就会在浅处横向扩张。接近地表的自然表土具有肥沃的腐殖质层，极宜生物生长，但却因松软不易压实而不适宜作铺装路床。另一方面，硬实的土体作路床更好，所以要进行辗压，而栽树的土地有时还需深翻。

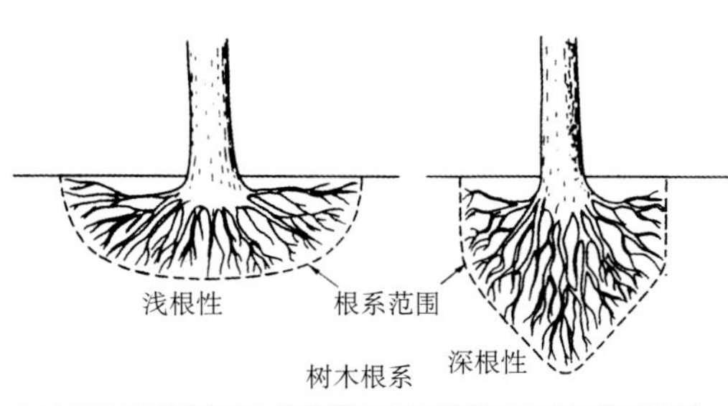

树木根系

深根性 90cm左右	槲树类、槲树、栎树、光叶榉、山茶、冷杉、松、美国鹅掌楸、梧桐
浅根性 50cm左右	梅、枫、樱、桧、刺槐、山茱萸、丝柏
中间性 75cm左右	红松、杉、栎、桧、扁柏、悬铃木

树种和根系深度
（日本建筑学会编：建筑设计资料集成 5，p194，丸善，1972）

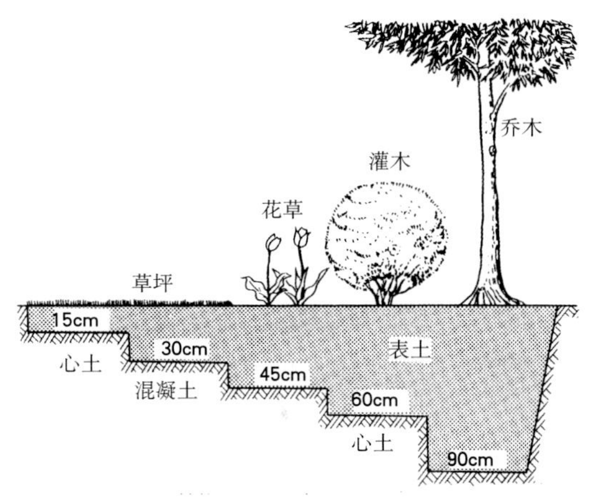

植物必须的最低表土层厚度
（日本建筑学会编：建筑设计资料集成，5，p194，丸善，1972）

正因路床土和栽树的土在性质上有如此大的不同，因此在铺装中配置植物的时候常使用树池，在树池中引入客土进行栽植。当路床土体环境比较适合树木生长时，根系也会从树池伸进路床，使树木更加繁茂；若条件不好，树木根系就只能限于树池内了，行道树木生长不良的现象是很多的。

（2） 铺装与水的浸入

原则上来说铺装不让水分从表面浸入。因从地表面浸入的雨水量很少，栽植在树池里的树木很难生长，作为对策有增加给水设施的方法，而透水性铺装是更有效的手段。

（3） 防止根部土壤硬化的对策

因步行者踩踏树池内的土壤会发生硬化并因此影响根的呼吸和吸收水分。主要

根底的铁护框与树木(马车道广场,横滨市)

高出铺装面的树池(东池袋中央公园，丰岛区)

对策有①在根部放置方格状铁护框及混凝土护板；②让树池高度高于铺装面等。

(4) 人工地面与树池

有时将楼顶等人工地面作广场,在进行彩色铺装的同时放置一些栽植。因是人工地面有必要保证一定厚度的土层,常用的形式有①将树池设置在(楼顶)石板之上,②将树池设置在(楼顶)石板之下。①会使树池高过铺装面,而②可以做到使树池与铺装面持平。实际中①的形式较多。

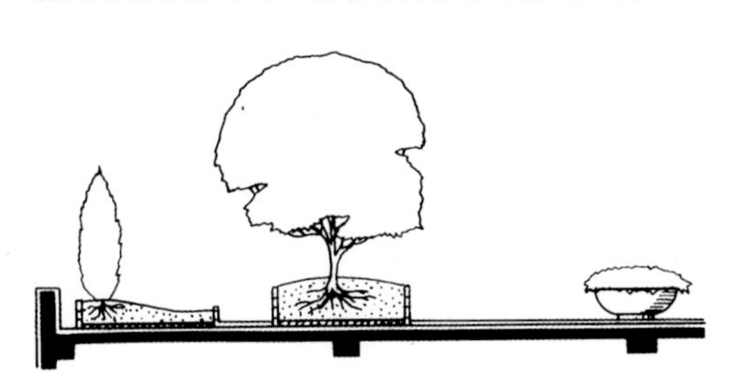

屋顶庭园的石板、铺装面、树池
(日本建筑学会编：建筑设计资料集成,5,p194,丸善,1972)

(5) 根系的成长与铺装

路床土体条件适合树木良好生长的时候,根系的生长、壮大有时会抬起铺装面、使铺装出现裂隙等,这在施工10年后的现场可以看到。但是这种树木生长状况好到破坏了铺装的现象还是很少见的。另外,树木粗大后死死卡在铁护板上的现象也有,管理和维护上要多引起注意。

树根顶起铺装(不太多见的事例)

树干变粗,紧紧卡在铁护框内

铺装的焦点性创意

在铺装创意当中设计引人注目的焦点问题受到人们的注意和重视，从技法上来说就是把①彩绘地砖，②金属浮雕，③石浮雕，④石料镶嵌图案，⑤地砖镶嵌图案等嵌入铺装面中。这些焦点性铺装部分具有很强的装饰性，图案不但可以是抽象的，还可以是具象的图画、文字等，非常有助于树立道路、广场的形象。我们还经常能见到孩子们发现绘图地面砖时喜悦的样子。

焦点设计的主题根据广场、道路的性质来确定，有充满地方色彩的，有表现地图内容的，也有具有指向、标识作用的，也有将绘图地砖等间隔排列作路标使用的。

我们来看看横滨市正在使用的绘图地砖，踩踏磨薄之后上面的画面也不会消失，因为图画是被画在下面的，像孩子们吃的小人糖一样。

绘图地砖／外国广场
(多摩中心站前，多摩市)

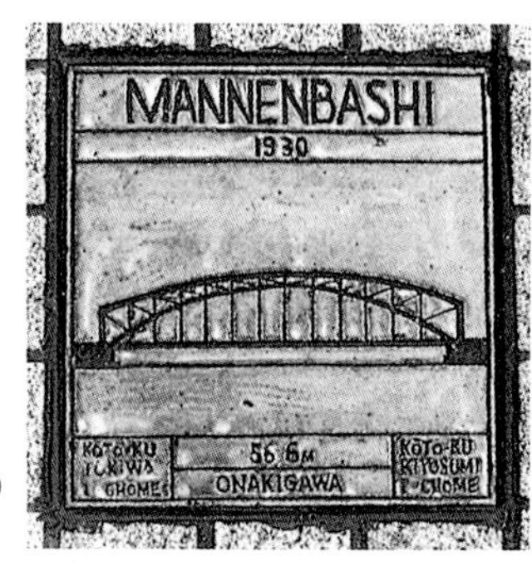

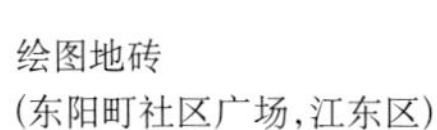

绘图地砖
(东阳町社区广场，江东区)

(片原町连拱廊，高松市)

绘图地砖(马车道，横滨市)

绘图地砖(县民大厅，横滨市)

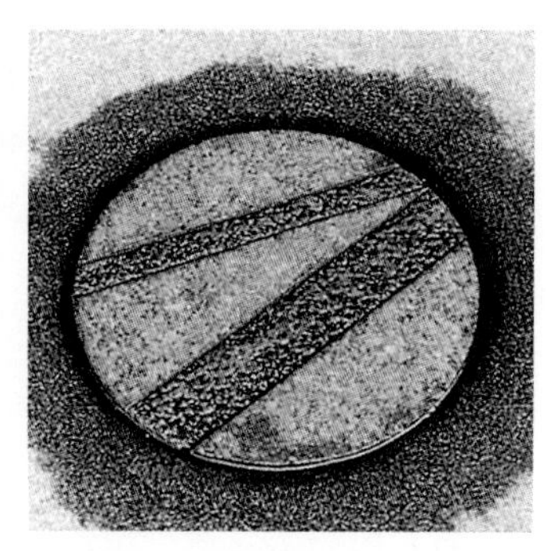

石浮雕／指向(京王广场饭店，新宿区)

绘图地砖／指向
(片原町连拱廊，高松市)

金属浮雕／指示方向和距离
(中央大学，小王子市)

金属浮雕／七夕节图案金属盖

金属浮雕／方位盘星座
(卡利扬桥，新宿区)

金属浮雕／八王子市政厅方向
(邦奈尔福，八王子车站北口)

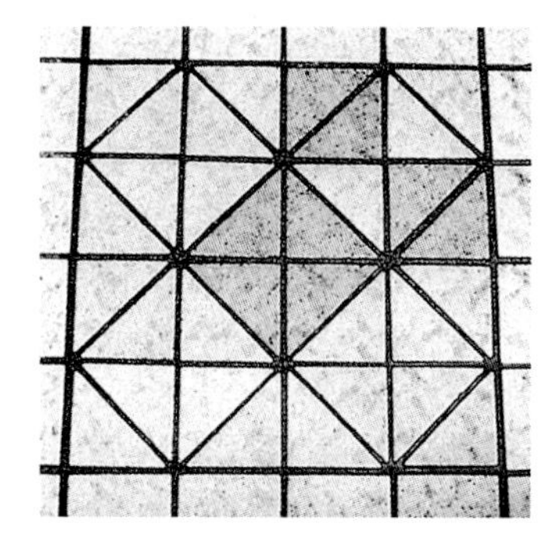

瓷砖／象征图案
(京王广场饭店，新宿区)

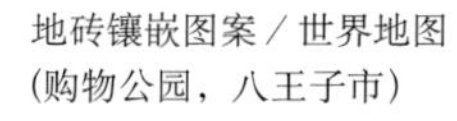

地砖镶嵌图案／世界地图
(购物公园，八王子市)

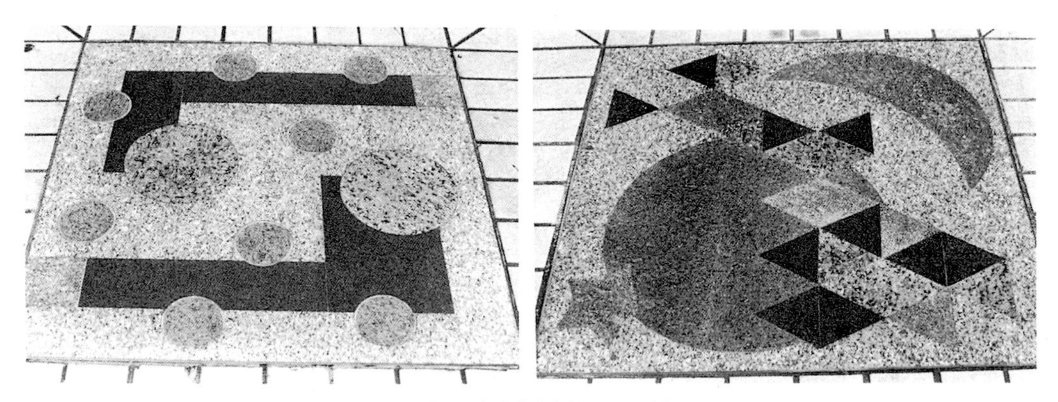

石画(町田站前喷水广场，町田市)

绘图地砖／表现地域特色(那霸市)

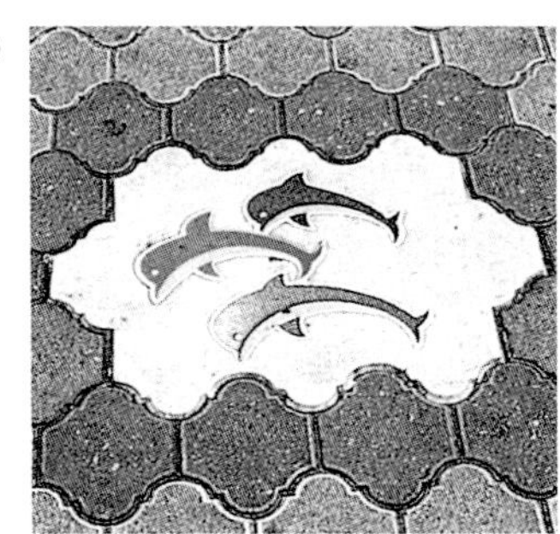

绘图地砖／日本地图与方位(昭和纪念公园，立川市)

绘图地砖及其他(伊势佐木步行街，横滨市)